"中国好设计"丛书得到中国工程院重大咨询项目
"创新设计发展战略研究"支持

中国好设计 丛书

"中国好设计"丛书编委会 主编

创新设计 2015 案例研究

徐 江　刘惠荣　董占勋　编著

中国科学技术出版社

·北 京·

图书在版编目（CIP）数据

中国好设计：创新设计2015案例研究/徐江，刘惠荣，董占勋编
著.—北京：中国科学技术出版社，2016.6
（中国好设计）
ISBN 978-7-5046-6864-6

Ⅰ.①中… Ⅱ.①徐… ②刘… ③董… Ⅲ.①工业产
品—产品设计—案例 Ⅳ.① TB472

中国版本图书馆 CIP 数据核字 (2016) 第 005892 号

策划编辑	吕建华　赵　晖　高立波
责任编辑	赵　佳　高立波
封面设计	天津大学工业设计创新中心
版式设计	中文天地
责任校对	杨京华
责任印制	张建农

出　　版	中国科学技术出版社
发　　行	中国科学技术出版社发行部
地　　址	北京市海淀区中关村南大街16号
邮　　编	100081
发行电话	010-62103130
传　　真	010-62179148
网　　址	http://www.cspbooks.com.cn

开　　本	787mm×1092mm　1/16
字　　数	181千字
印　　张	10.75
版　　次	2016 年6月第1版
印　　次	2016 年6月第1次印刷
印　　刷	北京市凯鑫彩色印刷有限公司
书　　号	ISBN 978-7-5046-6864-6 / TB·98
定　　价	56.00元

本书编委会

主　　编　徐　江　刘惠荣　董占勋

编　　委（以姓氏笔画为序）

王　奕　王欣悦　李　辉　李小延　陆　辛

贾建云　柴春雷　涂冰清　梅　熠　韩　挺

魏瑜萱

总序

　　自 2013 年 8 月中国工程院重大咨询项目"创新设计发展战略研究"启动以来，项目组开展了广泛深入的调查研究。在近 20 位院士、100 多位专家共同努力下，咨询项目取得了积极进展，研究成果已引起政府的高度重视和企业与社会的广泛关注。"提高创新设计能力"已经被作为提高我国制造业创新能力的重要举措列入《中国制造 2025》。

　　当前，我国经济已经进入由要素驱动向创新驱动转变，由注重增长速度向注重发展质量和效益转变的新常态。"十三五"是我国实施创新驱动发展战略，推动产业转型升级，打造经济升级版的关键时期。我国虽已成为全球第一制造大国，但企业设计创新能力依然薄弱，缺少自主创新的基础核心技术和重大系统集成创新，严重制约着我国制造业转型升级、由大变强。

　　项目组研究认为，大力发展以绿色低碳、网络智能、超常融合、共创分享为特征的创新设计，将全面提升中国制造和经济发展的国际竞争力和可持续发展能力，提升中国制造在全球价值链的分工地位，将有力推动中国制造向中国创造转变、中国速度向中国质量转变、中国产品向中国品牌转变。政产学研、媒用金等社会各个方面，都要充分认知、不断深化、高度重视创新设计的价值和时代特征，共同努力提升创新设计能力、培育创新设计文化、培养凝聚创新设计人才。

好的设计可以为企业赢得竞争优势，创造经济、社会、生态、文化和品牌价值，创造新的市场、新的业态，改变产业与市场格局。"中国好设计"丛书作为"创新设计发展战略研究"项目的成果之一，旨在通过选编具有"创新设计"趋势和特征的典型案例，展示创新设计在产品创意创造、工艺技术创新、管理服务创新以及经营业态创新等方面的价值实现，为政府、行业和企业提供启迪和示范，为促进政产学研、媒用金协力推动提升创新设计能力，促进创新驱动发展，实现产业转型升级，推进大众创业、万众创新发挥积极作用。希望越来越多的专家学者和业界人士致力于创新设计的研究探索，致力于在更广泛的领域中实践、支持和投身创新设计，共同谱写中国设计、中国创造的新篇章！是为序。

2015 年 7 月 28 日

前言

　　改革开放以来，我国取得了举世瞩目的成就，工业产品产销量居世界前列，科技创新能力显著提升，在载人航天、超超高压输电、高速铁路等领域的设计研发和技术集成能力已跻身世界先进行列，为迎接以新能源和新信息技术为特征的第三次产业革命奠定了基础。然而，随着我国经济发展进入新常态，一方面，资源、能源和人力资源等要素成本不断上升，中国制造业将面临发达国家重振高端制造和新兴发展中国家低成本制造竞争的双重挑战；另一方面，产业的粗放发展耗费了大量资源，可持续发展压力日趋紧迫。另外，我国的自主创新和创新设计能力依然薄弱，在社会认知、资源投入、人才建设和产业环境等方面还存在弊端，提高创新设计能力面临诸多的困难和挑战。为此，我国实施创新驱动发展战略，提高创新设计能力势在必行，迫在眉睫。

　　设计的目标始终是赋予产品和系统更卓越的功能、更优美的形式、更美好的身心感受，创造更好的经济、社会、文化和生态价值，满足和引领市场和社会需求。因此，我国实施创新驱动发展战略必须要更好地宣传和推广好设计，在研究创新设计在新时期的特点、意义及作用的基础上，遵循科学客观、公平公开和前瞻引导的指导思想，依靠案例调查及分析研究，挖掘反映绿色低碳、网络智能、超常融合、共创分享等时代特征的好设计案例，为我国实现创新驱动发展，建设创新型国家提供重要启示和借鉴，从而创造、形成全社会重视、尊重、支持、激励创新设计的良好环境，努力打造和培育具有全球影响力、引领世界和时代的中国好设计、中国好品牌、中国好企业，探索支撑和推进创新驱动发展战略的有效路径。

为此，本书将从产品、系统及工程、工艺技术、商业模式三个维度深入剖析好设计案例，不仅涵盖交通运载、工程装备、健康医疗、软件系统、智能机器人、先进工艺等典型领域，还首次引入了定制模式、服务模式、生态圈创新等设计。这些原创性案例将以丰富的内容、活泼的形式集中体现好设计的经济、社会价值、文化价值和生态价值，起到丰富和发展创新设计发展战略理论，弘扬设计创新精神的重要作用，从而有力推动"中国制造向中国创造转变、中国速度向中国质量转变、中国产品向中国品牌转变"。

本书是在中国工程院资助下，联合中国机械工程学会、浙江大学、香港理工大学、江南大学、上海交通大学、东南大学、南京理工大学等单位通力合作，历时两年广泛调查制造装备、家电消费、高等院校、设计园区等领域的两百家单位，获取了大量的宝贵案例资源和素材，深入研究、共同承担完成。

目录
CONTENTS

CHAPTER ONE | 第一章

概述

中国古代的《考工记》和古罗马的《博物志》均可视为设计理论和方法的起点。伴随着经济社会的发展，设计逐渐发展成一专门学科，极大地推动了人类社会的文明进步。纵观人类社会文明的农耕时代、工业时代和知识网络时代的发展历程，分别对应于自然经济、市场经济和知识网络经济三种经济形态。不同时代的设计也呈现出不同的特征。

1.1 好设计的进化

英文 Design 一词源于古拉丁文 Designare，意为构思、计划。古汉语中的"设计"，是"设"与"计"的合词。据东汉许慎《说文解字》，"设"为"施陈也"，"计"即"会算也"，其基本含义是设想、运筹、规划和计算。就本质而言，设计是人类对有目的创新实践活动的创意和设想、策划和计划，是技术装备、工程建设、经营管理、商业服务和应用创新的先导和关键环节，是将信息、知识和技术转化为集成创新和整体解决方案，实现应用价值的发明创造和应用创新过程。

纵观人类文明发展历程，设计创造推动了社会文明进步。在延绵数千年的农耕时代，"传统设计"创造促进了农耕文明，人类主要依靠自然资源、农牧渔猎，依靠经验、技能的传承，依靠人畜、水力、风力等自然能源，制造主要依靠家庭和手工业作坊，使用简单工具。如仰韶文化半坡类型的典型汲水用器——小口尖底瓶（图1-1），该瓶采用泥质红陶实现传统好设计的思想，其杯形小口、细颈、深腹、尖底，腹偏下部置环形器耳一对，腹中上部拍印斜向绳纹。因其底尖，容易入水，入水后又由于浮力和重心关系自动横起灌水，且搬运时水又不容易溢出，形态和功能契合得自然完美。

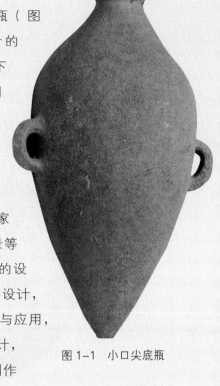

图1-1 小口尖底瓶

不仅如此，农耕时代的先民设计制作了诸多精美陶瓷铜器、金玉礼器、兵刃胄甲、器皿家俬、棉麻丝锦、服饰冠靴、房舍殿寺、园林美景等好设计。中国古代火药的发明以及火冲、烟花的设计应用，造纸术的发明以及手工造纸工艺流程的设计，丝绸的发明以及缲丝工艺和提花丝绵织机的设计与应用，瓷器的发明以及瓷器制作工艺流程和瓷窑的设计，造型简洁、结构严谨的明清家具设计和精湛的制作工艺等，中国人发明的指南针以及明代设计制造的郑和出海远航的宝舡大船，明清时期设计建造的北京故宫建筑群及其丰富的宫廷珍藏，集中国古代设计精粹于大成；等等。这些使得我国设计和工程技术走在当时的世界前列，并经由古代海上和陆地丝绸之路传播至东南亚、中亚和欧洲等地，华夏文明数不胜数的好设计，对人类文明进步做出了重要贡献。同时期，古埃及、古巴比伦、古希腊、古罗马、古印度等也曾涌现诸多各具特色的重要发明和设计。

18世纪中叶，由于蒸汽机、纺织机械、金属切削机床、火车、轮船等机械的设计和发明、煤的开采利用、钢铁冶金技术和规模生产等，引发了第一次产业革命；19世纪70年代以后，由于电机电器、电力系统、汽轮机、内燃机、燃气轮机、汽车、飞机、核电和机电等发明以及合金材料、石油化工和高分子合成材料等的发明和规模生产引发了第二次产业革命，将人类社会推进到了电气化核能时代，德、美、日相继崛起成为世界工业强国。

20 世纪 20 年代初兴起的工业设计提出"设计为人",倡导技艺结合,功能与美学、经济相协调,提升产品附加值和竞争力。1949 年汉斯·维格纳设计了著名的圈椅(图 1-2),选材上以天然木材为主,以木材自身纹理作为主要装饰。整体上给人以质朴、雅致、自然、空灵的感受,呈现出现代工业产品的简约;在座面上增设椅垫,增加柔软度和透气性;椅腿造型上粗下细,增加了轻松活泼的趣味,表达出现代生活的好设计气息。

图 1-2 圈椅

20 世纪中叶以来,人们设计制造动力机械与各类工程装备,开发矿产资源,依靠资本、装备、科技、人力资源等要素,依靠化石能源、有色金属、高分子等结构和功能材料、内燃、电力驱动的交通工具以及数字通信、因特网等通信手段发展现代制造业,包括工业设计、工程设计在内的"现代设计"推进了第一次工业革命的机械化和第二次工业革命的电气化、电子化和信息化。特别是发明了半导体三极管,设计了硅基电子功能材料和光刻工艺装备、集成电路、电子计算机、数控机床、商用机器等,将人类社会推进到以数字化、机械电子一体化和柔性制造为特征的后工业时代,美国引领主导了重大工程装备、航空宇航制造、电子信息技术创新和微电子、计算机等产业发展的进程。20 世纪 70 年代末,波音公司通过创新设计和系统集成,仅耗时 28 个月就研制出载客量大、航程超长的宽体"珍宝客机"——波音 747,纵横蓝天 40 余年,成为各国民航大型跨洲客机的首选(图 1-3)。德、日、韩等国也在机械电子装备设计制造、消费类电器设计制造等领域形成了特定的优势。

图 1-3　波音 747

　　进入知识网络时代，人们将更依靠知识信息、大数据，依靠创意、创造、创新驱动，依靠的能源也逐渐转向清洁、可再生能源。人们的设计创造将利用绿色结构和智能材料、超常结构功能材料、可降解、可再生循环等新型材料。交通运输依靠高速公路、地铁、轻轨、高铁、管道、超超高压交直流智能电网、航空等快捷运输等。无处不在、无时不在的无线宽带互联网和物联网、智能终端等使得通信方式发生了深刻变化。制造业的发展基于网络和信息知识大数据，形成具有绿色、智能、超常、融合、全球化为特点的协同设计制造与服务。此时代的好设计可称为"创新设计"，它是一种具有创意的集成创新与创造活动，面向知识网络时代，以产业为主要服务对象，以绿色低碳、网络智能、共创分享为时代特征，集科学技术、文化艺术、服务模式创新于一体，并涵盖工程设计、工业设计、服务设计等各类设计领域，是科技成果转化为现实生产力的关键环节。

　　"创新设计"在第三次工业革命浪潮中，必然会引领以网络化、智能化和以绿色低碳可持续发展为特征的文明走向。最典型的是乔布斯领导苹果公司设计推出的系列产品，创造了令人赞叹的品牌价值和商业模式，如图 1-4，iPhone 手机从诞生到卖出 100 万台仅用了 74 天时间，iPad 电脑从诞生到卖出 100 万台也仅用了 28 天时间，苹果设计可谓引领了智能终端的新时尚，也改变了人们的娱乐与生活。而中国的阿里巴巴公司历经 15 年的创新发展，通过信用体系、盈利模式等全系列颠覆性的创新设计，打造出瞄准企业间电子

图1-4 iPhone（左）和iPad（右）销售100万台仅用时74天和28天

商务的"阿里巴巴"、专注在线零售的"淘宝网"、第三方在线支付平台"支付宝"、以数据为中心的"云计算"以及互联网金融领域的"余额宝"等互联网创新生态系统，深刻改变着亿万人的生产和生活方式，一举成为市值仅次于谷歌的世界级IT公司。

农耕时代的传统设计、工业化时代的现代设计、知识网络时代的创新设计，可以分别用"设计1.0""设计2.0""设计3.0"来表征，如图1-5所示。各个时代设计的内涵和特征、设计的资源要素均可得到清晰的呈现。然而也因为各阶段技术革新、市场条件的差异，同一时期不同领域的优秀设计案例表达出不同的设计阶段特征，如当今主流消费类家电产品的设计正处于以"设计2.0"过渡到"设计3.0"的中间阶段，而消费类终端电子产品、互联网电子商务服务已经迈入"设计3.0"阶段。

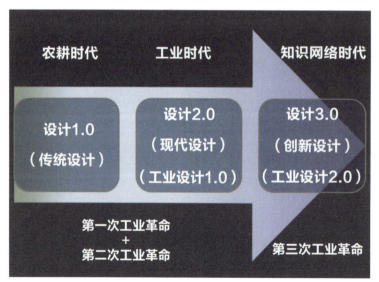

图1-5 设计的进化

1.2 好设计的价值

　　随着人类文明的发展进化，设计的价值也不断地拓展进化。设计的目标始终是赋予产品和系统更卓越的功能、更优美的形式、更美好的身心感受，创造更好的经济、社会、文化和生态价值，满足和引领市场和社会需求。好设计首先要满足和创造应用功能，必须考虑产品在制造过程、包装运输、运行管理、经营服务的安全可靠与成本效益。英国工业革命时期出现了蒸汽机、纺织机械、车床、机床、火车、轮船等设计，它体现和推动了工业社会注重功能效率的价值观。好设计还创造经济和品牌的价值，创造全新的商业模式，改变人们的生活方式。1908 年福特公司设计推出了简洁实用、便于维修的 T 型汽车（图 1-6），引入了流水线装备和泰勒制管理模式，大幅度降低了成本。到了 1927 年，累计销售汽车 1500 万辆，不仅为企业带来了巨额利润，也使得福特成为当时全球第一汽车品牌，改变了美国人的生活方式。

图 1-6　福特 T 型汽车

好设计还可以引发科学原创，导致新的重大发明与创造，革新产业技术。1895年，英国物理学家威尔逊想要测量飞跃的电子的轨迹，而在实验室里研制探测研究带电粒子和射线的重要仪器——云雾室（图1-7），使得至少有6位以上的科学家因为该云雾室设计获得了诺贝尔物理学奖。1932年，美国康宁公司借鉴其在消费类玻璃制品领域的经验，利用渐次增大的反射镜原理，设计建成帕洛马山天文台200英寸（1英寸=0.0254米）的反射镜，最终在与通用电气公司的竞争中胜出。

好设计体现引领社会的价值取向。资源、环境和经济社会的发展水平、文化传统等，使得各个时期、各个地区、各个民族的设计体现多样的社会价值。1919年成立的德国包豪斯设计学校，强调设计的目的是为了人，而不是物，设计是社会的工作。包豪斯设计理念主张技艺统一，培养技艺结合的设计人才，反映了当时德国工业社会注重制造品质、工艺技术，同时考虑经济合理性的价值观，这种价值观一直延续到今天。德国企业痴迷于追求完美，强调知识的整合是创新取得成功的关键因素。依靠精益的设计创新与制造技术，德国在世界高端制造业舞台上，赢得"制造强国"的美誉。

好设计要体现独特的文化艺术的价值。无论是实用品、家用电器、商用设备还是产业装备，在设计创新结构功能的同时，还往往通过所谓的工业设计来优化选材、色彩造型、人机功能等，展现产品的美学特征。好设计往往还可以创造和引领社会的时尚和设计的取向。

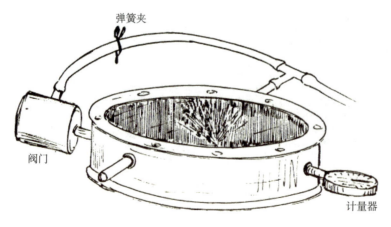

弹簧夹

阀门

计量器

图1-7 云雾室

好设计注重生态环境保护和可持续发展。当前，生态环境保护成为企业，也成为设计师必须承担的社会责任，也成为一种工业社会到了后期形成的新的道德伦理。海尔集团在满足客户对产品功能多样化要求的前提下，开展绿色产品设计，冰箱日耗电从 1985 年的 1.2kWh 降到 2004 年的 0.3kWh。双良集团设计出的余热利用热量转移装备，将余热资源转化成为后续生产工艺的驱动能源，实现资源的循环利用，30 多年来为社会节约电力供应 9000MW。

　　好设计提升国家和社会安全保障能力。国家和社会安全的创新设计是一个系统。好设计有效地在系统规划层面实现国家战略布局、技术引领、风险评价，运用创新设计方法协助国家和社会安全发展的决策，并预测战略工程发展风险。美国 20 世纪 90 年代初提出战略工程人机一体化设计理念，且不断提高技术研究水平，大大推进了战略工程的发展进程。

1.3 好设计的重要意义

以设计促进产业创新一直是现代工业化国家的共同战略。美、德、日、英、法、韩等工业化国家始终高度重视设计对产业创新的作用，纳入国家创新战略。早在 20 世纪初德国就确立了"设计定标准，设计定质量"的战略，从而铸就了德国制造的好设计品质，以及奔驰、宝马、大众、西门子、博世等世界名牌。1969 年日本政府先后成立"设计行政室"和"日本产业设计振兴会"，在全日本推行好设计奖，使日本产品质量和品牌在全球市场的竞争力快速提升。法国从戴高乐时代起，就在关系国家安全和核心利益的重要领域，坚持自主设计研发核电站、航空航天、高铁、核潜艇等装备并形成了产业优势。1998 年韩国总统金大中发表《21 世纪设计时代宣言》，宣告以 3 个"五年计划"实现设计立国，推动了三星、现代、LG、蒲项等企业创新，造就了韩国制造产业的崛起。

好设计是产业和产品创新链的起点、价值链的源头。爱立信、摩托罗拉、诺基亚等传统手机制造商虽不乏优秀的工业设计，但未能完成由设计 2.0 向设计 3.0 跨越，错过网络智能终端发展契机而纷纷衰落。而微软、英特尔、IBM、苹果、谷歌等一批 IT 企业依靠不同阶段的创新设计成果，占据了全球价值链高端，引领全球产业创新发展潮流。中国也涌现了一批重大创新设计成果。嫦娥奔月、北斗导航、蛟龙深潜、航母入列、高铁成网、超级计算机、特高压直流输电投运等标志着中国重大工程装备系统的集成创新和设计制造能力已居国际前列；阿里巴巴、腾讯、百度等一批创新型企业也依靠好的创新设计占领了新兴服务业发展的制高点；中车集团、中铁工程设计院等通过自主设计、研发制造、运营管理等实现了中国高铁系统集成创新，除部分基础材料和零部件外，已经基本实现了自主创新设计和制造，奠定了中国高铁产业世界领跑者的地位，打开了以中国为主导的高铁产业大发展的局面。截至 2014 年，中国高铁已覆盖 28 个省市，年运载量为 8 亿人次。中国已经进入高铁时代。

好设计打造企业的核心竞争力，推动科技成果的市场转化。好设计是推动制造业实现"三个转变"的重要抓手，它通过创意创造，集成信息、知识、技术和服务，推动制造业实现由设计研发到制造服务的全产业链的创新变革，引导企业从 OEM 向 ODM、OBM、OSM 转变●，是中国制造业摆脱"微笑曲线"底端困境、实现价值链攀升的关键。华为公司致力坚持创新设计先进通信产品和系统，突破关键核心技术，形成自主知识产权和品牌，从一个后起的中低端通信设备生产商发展成为先进通信装备、服务整体解决方案和智能客户终端的提供商，不仅进入世界 500 强，而且名列"全球创新竞争力百强"和"全球百强品牌"。格力公司坚持以设计创新主导技术、产品、管理与服务创新，家用空调产销量连续 7 年居世界之首，成为享誉全球的名牌。宁波太平鸟、青岛红领等服装企业运用互联网和创意创新设计实现全球个性化定制、网络经营，实现了销售和利润的逆势大幅上扬、品牌增值，成为传统产业转型增效的范例。

因此，要果断抓住时代机遇，立足制造业基础和后发优势，通过鼓励、宣传和推广好设计，提升自主创新能力，完成从"跟踪模仿"到"引领跨越"的转变，实现我国经济社会的可持续发展。

● OEM:Original Equipment Manufacturer，原始设备制造商。
ODM:Original Design Manufacture，原始设计制造商。
OBM:Original Brand Manufacturer，原始品牌制造商。
OSM:Original Strategy Manufacturer，原始战略制造商。

1.4 好设计的发展趋势

1.4.1
绿色低碳

早在远古时代，人类的生存完全顺应自然。到了农耕时代，主要利用的是生物资源，废弃物多可自然降解，人类与自然的关系总体是和谐的。到了工业时代，生产力快速发展，人口与消费持续增长，化石能源和矿产资源被大规模开发利用，开发、改造、征服自然的发展观念滋长，生态环境与生产制造的矛盾日益激化。工业排放、生产生活废弃物严重污染环境，森林、草地过度砍伐导致水土流失、生态失衡、生物多样性减少，生态环境灾难频发，也危及人类自身的发展。传统制造业对能源资源的高消耗和对环境的污染，已成为制约其发展的重要因素。1972 年联合国斯德哥尔摩"人类环境大会"召开并发布《人类环境宣言》。这标志着人类发展观的转变，也促进了设计对于生态环境价值的重视，推动了绿色低碳设计理念的革新和传统技术的改造升级。

绿色经济是以环境保护与资源可持续利用为核心的经济发展模式，是包含节能减排、清洁生产、低碳经济、循环经济等模式在内的，集资源高效利用、低污染排放、低碳排放以及工业生态链、社会公平发展等核心理念为一体的经济活动，是最具活力和发展前景的包容性经济发展方式。欧美的"绿色供应链""低碳革命"、日本的"零排放"等新的设计 3.0 理念不断兴起，"绿色制造"等清洁生产过程日益普及，节能环保产业、再制造产业等静脉产业链不断完善。尤为值得注意的是，绿色的好设计是绿色经济、可持续发展的基础和源头，因为设计决定了产品全生命周期内能源消耗和废料排放的总水平。

加强自主创新和技术进步是产业转型升级的关键环节，好设计促进产业从低附加值跃向高附加值，从高能耗、高污染转入低能耗、低污染，从粗放型转向集约型。在产品和系统从材料选备、制造集成、包装运输、运行使用到废物和遗骸处理回收再利用的全生命循环周期中，必须大力推广生态化设计、可拆卸性设计技术、绿色包装设计，必须考虑资源能源的节约、循环、可持续利用、生态环境的保护与修复。通用电气航空集团（GE航空）在飞机引擎上安装了数百个传感器用于收集数据，公司可以分析引擎实际表现与预期的差距，进一步优化引擎性能。有了通用电气（GE）提供的燃油消耗数据，意大利航空公司可以辨别襟翼在降落时的位置，从而进行调整，降低油耗。GE为上海赛科乙烯工厂设计了最先进的监控系统，它可以有效地监控设备运行的健康状态，减少非计划停机超过50%，每月节省超过220万美元。

　　知识网络时代的好设计亦将发展成为一种基于生态效率的新型思考方式，发展成为从设计物化产品转变为设计系统解决方案，为推动绿色生态文明的建设提供了新的可能。例如，ABB公司的智能电网可以对发电、变压和输电设备产生的大量数据进行分析，公共设施可以通过这些数据预测可能的过载现象，在断电前及时调整。美国First Wind公司，经营着16个风力场，这个公司在GE生产的风力发电机上设计安装了传感器、控制器和优化软件，可以随时测量温度、风速、叶片的位置和螺距，然后优化，收集的数据量是过去的3～5倍。目前123台风力发电机增加了3%的电能输出，年收入增加120万美元。

1.4.2 智能网络

　　信息技术为所有产品带来革命性的变化。无数传统的电子与机械产品，现在已升级为各种复杂的系统。以移动互联网、大数据、云计算、社会媒体和内存数据库技术为代表的新一代信息技术迅猛发展，与制造、能源、材料等传统领域的创新设计发展相叠加，智能制造与创新设计引领的新一轮产业变革正拉开帷幕。未来的好设计在产品中嵌入微型的感知、处理和通信等功能部件，使越来越多的产品兼有获取信息、执行决策操作以及诸多处理交互功能，成为智能化产品及系统。先进传感、集成电路和计算机技术的发展使机器的感知、运算能力快速提升，知识、信息的海量获取与存储，使人类进入大数据时代。数据能够从产品生命周期的开端就支持好的设计，预告设计过程，确保最终产品更加符合客户偏好。

数字化、智能化技术和装备将贯穿产品的全生命周期，数字技术、网络技术和智能技术日益渗透融入产品研发、设计、制造的全过程，推动产品的生产过程产生重大变革。一方面，缩短了设计环节和制造环节之间的时间消耗，极大地降低了新产品进入市场的时间成本。产品、服务及系统的智能创新设计将创造无数产品差异化和增值服务的机会。企业通过智能互联，将重塑现有的价值链，进而引发生产效率的再次大规模提升。另一方面，"智能产品"将改变现有的产业结构和竞争本质，开启企业"互联网＋"竞争的新时代。尽管爱立信、摩托罗拉、诺基亚等企业曾不乏卓越的手机设计，也曾是移动通信产业的领军者，但未能抓住网络智能终端的创新设计而衰落。

智能化的好设计极大地扩展产品差异化的可能性，从大规模制造的理性时代转向个性化生产的感性时代，科技附加值变为创意生活方式，体验取代功能，高感性取代高科技。智能网络产品难以在事前确定其形态和边界。如微信等通信软件可以演化为社交平台、多边的交易平台，甚至投融资服务平台。微信推出了"智慧生活解决方案"，广州、深圳和佛山已率先成为微信"智慧城市"。数据显示，2014 年，微信拉动了 952 亿的信息消费，相当于2014 年中国信息消费总规模的 3.4%，带动社会就业 1007 万人。

智能化的好设计还将为客户创造完美舒适且节能环保的个性化、人性化智能工作和生活方式，让客户享受到更为轻松自在、体贴安心的工作和家居生活。融合了传感功能的可穿戴设备、智能汽车、智能家电、智能住宅将逐步走向客户。根据美国智库 Intelligence 预测，2014 年全球可穿戴设备出货量将达到 1 亿台。百宝力公司最近推出了智能网球拍（Babolat Play Pure Drive）系统，将传感器和互联装置安装到网球球拍手柄中，通过分析对击球速度、旋转和击球点的变化，公司可以将数据传送到客户的智能手机中，提高选手在比赛中的表现。轮胎制造商米其林提供了一项基于产业物联网的全新服务——Dubbed Effifuel，为其客户在卡车轮胎和引擎上安装传感器并将收集到的油耗、胎压、温度、速度和位置等数据传到云服务器上，公司的专家会据此进行数据分析，并为客户提供建议及驾驶培训，帮助其客户每百千米减少油耗达 2.5L。

全球网络是一个广泛而深刻的概念，它是在经济全球化的基础上，以先进的交通工具和通信工具为载体，尤其是在互联网的帮助下，将全世界人类的生活联系成一个有机的整体。互联网商业模式创新设计也已出现。中国发展迅猛的网络电视市场就是最好的例子。以乐视为例，该公司免费向客户提供网络电视机顶盒硬件，收取 12 个月的订阅费 490 元。这种模式让中国的电视制造商与内容供应商迅速建立新的合作模式。在热门智能手机应用彻底改变出租车业服务后，中国大城市居民现在也开始使用滴滴等应用寻找最近的空出租车。在中国，房地产企业正使用中国当前社交和搜索网站（比如百度）挖掘数据，了解客户多变的口味和偏好。安居客和搜房网等经营的在线市场努力精简信息和交易过程，以此削减佣金，帮助客户降低价格。

1.4.3
共创分享

人类社会存在多样的物质需求和文化审美追求，未来的好设计不仅要满足中高端个性化、多样化需求，也要满足大众可分享的基本、多样的需求。为此，创新制造的设计智慧可以无限汇集，借助工业社会规模化、标准化、自动化为特征的大生产方式，造就了知识网络时代独有的创新景象和商业文化。20 世纪 60 年代以来，由于数控技术的应用，发展了适应小批量、多品种的数控、柔性、集成制造方式。21 世纪，云计算、智能制造、3D 打印等技术的进展，推动着个性化与规模化设计制造服务相结合的生产方式；加之移动技术改变了信息获取、处理和传播的方式，使得以知识为基础的创新设计活动也变得无所不在。以智能分析、自动控制、高速通信以及信息化等技术手段支撑全球创新设计共性技术资源共享云平台，构建面向行业的好设计大数据工程研究平台，为企业提供行业大数据的分析和监测服务，帮助企业增强风险规避能力。

在信息网络时代，设计不再只依靠个人或单一团队，已发展成全球网络合作、多领域、多学科协同的创新活动。全球网络促成了资源的开放与共享整合，协同作业变得更及时、更有效率。世界变得越来越"平"，企业的疆界越来越广，市场、营销、人才、运筹管理等机制，都必须要有全球网络的策略。1998年，日本设计产业振兴会创办了日本好设计奖，该奖项联合新加坡好设计、韩国好设计、泰国好设计和印度好设计，正在发起一场声势浩大的设计文化推广行动，促进全球多样文化的交流、合作和包容，促进全球设计资源的共创分享。欧盟于2006年11月20日发起的Living Labs（生活实验室）网络，立足于本地区的工作和生活环境，以科研机构为纽带，建立以政府、企业以及各种科研机构为主体的开放创新社会。

技术、设计和商业模式的集成创新，推动了知识网络社会的形成和发展，也深刻改变着人们生活工作方式、组织方式与社会形态。传统意义的技术与设计创新实验室边界正在模糊以至"融化"，商业模式的演进触发客户站到创新舞台的中央，客户参与的创新模式焕发出蓬勃生机。个性化可分享的好设计将大大提升对社区管理、智能城市、社会福利、社会服务水平，消除客户创新的障碍。2013年通用电气公司创新产品设计研发模式，面向全球征集到700个复杂发动机支架设计方案，最好的设计即是利用3D打印削减了84%的重量。美国麻省理工学院发起建立微观制造实验室Fab Lab，利用工程技术、材料及电子工具来实现个性化好设计及制造。

各种技术、知识、创意和商业手段让知识和创新共创分享和扩散更加便捷，创新不再是少数人的专利，而需要大众的广泛而积极地参与。跨业和跨界的"互联网制造"使得行业的参与者由制造者、专业者扩充为使用者、普通大众。小米手机是共创分享好设计的典型，客户从创意、设计到生产过程直至最终使用的反馈均全程参与。可以说小米是在利用全球的人力资源制造手机。电脑制造商联想举行"创客大赛"，5万名参赛者贡献了近10万个产品创意。一些参赛者甚至通过众筹平台筹资开发出自己的产品。中航联创产业互联创新创业平台启动以来，通过开放式创新和研发协同让"民间高手"参与到创新设计中来，现注册客户和粉丝已达4万人。中航联创平台计划到

2020 年，累计投融资 300 亿元，催生创新创业项目的规模力争达 1000 亿元。

与此同时，互联网环境下的好设计生态使得产品和服务易于规模化传播，易于以低成本获益。可分享的好设计生态能够有助于制造商识别市场需求和激发客户参与，制造企业需要重新将个性化可分享的产品、系统乃至服务需求吸纳到整个新产品、新装备、新服务的设计开发过程中。移动互联网和社交的时代，社交软件能给客户关系管理（Customer Relationship Management，CRM）带来改变，未来"CRM+社交"将成为企业的营销新利器。众筹平台将重构产品创新设计流程，帮助设计师和创意者实现商业价值，生产者直接触达客户，大型生产商将逐渐遁形。美国租车公司 Zipcar 可以随时随地为客户提供交通工具。汽车分享模式的兴起有可能替代原先的汽车所有制，传统汽车巨头也纷纷跟进，例如 RelayRides 与通用汽车的合作，宝马推出的 DriveNow 服务以及丰田赞助的 DASH 项目。自行车分享系统是另外一例，它正在越来越多的城市普及。客户可以通过手机应用（App）找到自行车租用和归还的站点。系统则监控客户使用自行车的时长，并收取相应费用。

设计 3.0 时代，个性化可分享设计趋势不仅促进了产品、装备和系统的创新设计生态的有机融合发展，同时也有利于面向可持续环境的创新设计技术手段、商业模式和消费理念的大变革，有利于现代社会物质资源的节约利用，有利于创新设计成果更多、更好、更公平地惠及全世界人民。

CHAPTER TWO | 第二章
产品、系统及工程创新设计

中车青岛四方机车车辆股份有限公司

2004—2007 年，中车青岛四方机车车辆股份有限公司（简称四方股份）按照国务院"引进先进技术，联合设计生产，打造中国品牌"的总体要求，在引进、消化、吸收的基础上，通过大量工程实践，掌握了高速动车组核心技术，拥有了时速200km动车组的设计、制造和运用经验。

2008 年，四方股份通过十大技术创新，突破了制约速度提升的关键问题，研制了新一代 CRH380A 型高速动车组（图 2-1，图 2-2），创造了运营动车组最高试验速度486.1km/h 的世界纪录，推动中国高速铁路运行时速提升至 350km，达世界先进水平，成功实现中国制造到中国创造、中国质量到中国品牌的转变。

图 2-1　CRH380A 动车组外观

2.1.2 设计思路

四方股份以全面提升列车整体性能为目标，遵循"先进、成熟、经济、适用、可靠"的设计原则，"以安全可靠为核心，实现高速、高舒适性、高环保节能"的创新理念，研制具有自主知识产权的持续速度达350km/h的高速动车组，打造中国品牌。

通过对CRH380A型高速列车顶层技术指标进行技术分

图2-2　CRH380A动车组外观

解，四方股份从系统集成和各部件性能等方面，对既有动车组进行系统技术分析。同时，设计团队结合线路试验，对比国内外动车组系统性能和结构，揭示更高速度条件下列车各系统间的作用关系和规律，提出新一代高速列车技术提升策略。通过仿真分析、试验验证、运营考核三个环节相互验证的研发手段，形成了涵盖方案设计、技术设计、施工设计和试验验证四个阶段的设计流程（图2-3）。

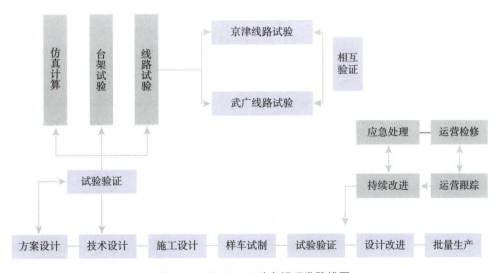

图2-3　CRH380A动车组研发路线图

头型设计决定了列车运行的气动性能（气动阻力、气动升力、侧向力、交会压力波）及运行的节能环保（气动阻力、气动噪声）等关键的技术指标。四方股份提出 20 种概念设计方案，经过平衡技术性能和文化特性的需求，确定 10 种优选方案进行仿真计算。之后，从中再选出 5 种综合性能优良、外形特征鲜明的设计方案，进行仿真计算和风洞试验，优化气动性能，最终确定了最优的头型方案。最终确定的 CRH380A 头型概念取材于长征火箭，造型圆润、光滑，线条流畅，形态饱满。全新的头型设计，降低了气动阻力、气动噪声和交会压力波，抑制了尾车气动升力，提高了气动安全性。

车体是高速动车组的关键承载部件。随速度提升，线路和气流扰动增强，列车耦合振动加剧，影响结构可靠性。CRH380A 车体设计的核心在轻量化、等强度设计的原则下，通过结构优化和模态参数匹配，实现了车体气密强度、振动模态性能提升，保证了高速运行的结构安全可靠性（图 2-4）。

图 2-4　CRH380A 车厢内部

转向架承担列车的承载、导向、减振、牵引和制动功能，决定列车的运行安全和动力学性能，是高速列车的核心技术之一。为满足350km/h以上速度长距离运营要求，CRH380A动车组转向架采用经过长期运用验证成熟可靠的技术和结构。其中，对转向架进行了构架适应轴重载荷重新设计，轮轴和轴承满足380km/h和15t轴重技术要求，采用高热容量的转向架制动盘片，进行了转向架悬挂系统的优化，并设置安全检测报警系统，从而提高转向架及各子系统的可靠性。

随着速度的提升，轮轨噪声、气动噪声、受电弓系统噪声和结构振动噪声急剧增强。CRH380A减振降噪设计进行了按照分频段控制、等声压级设计和轻量化设计三大控制策略，采用"减、隔、吸、降"的技术手段，实现对噪声源和传播途径的控制。

牵引系统为动车组高速运行提供驱动力，在降低空气阻力的基础上，提升牵引系统功率是提高动车组速度的主要手段。CRH380A动车组的研发，结合京津、武广线路长期跟踪运行实测数据，经过系统分析和计算，提出了系统提升方案。通过改变关键部件的材料、结构和冷却系统，合理匹配系统参数，提高单位功率重量比，实现高启动加速和高速运行能力。

结合我国高速铁路采用弹性链型悬挂接触网的特点，同时考虑到随着列车速度提高，气流激扰对受电弓受流性能的影响会有所加剧，因此CRH380A长编动车组采用半主动控制的受电弓。半主动控制的受电弓，可以实现随列车速度变化自动调整弓网间的接触压力，实现双弓稳定受流。

制动系统是保证高速列车安全停车的重要手段。CRH380A制动系统为微机控制直通式电控制动系统，采用电控复合制动、电制动优先的控制方式，主要由风源系统、制动控制系统、防滑装置、基础制动装置等组成。制动系统充分利用再生制动，提高能量回馈，降低机械磨耗（图2-5）。

图 2-5　CRH380A 生产车间

2.1.4

设计先进性指标

　　CRH380A 动车组创造运营动车组最高试验速度 486.1km/h 的世界纪录，推动我国高速铁路运行时速提升至 350km，投入运营 400 余标准列，极大缓解了客运压力，是国内高速动车组走出去的首推车型，促进同城化进程和社会发展。

2.2 "海洋石油981" 3000米水深半潜式钻井平台

中国海洋石油总公司
中船集团第七〇八研究所
上海外高桥造船有限公司

2.2.1 案例背景

作为中国油气资源勘探开发最重要的区域，南海70%的石油蕴藏在深水区域。长久以来，受技术水平和装备能力所限，中国海洋石油开发仅限于近海。截至2011年中国的深水钻探开发仍处于起步阶段，仅属于世界上第二代、第三代的水平。中国船舶工业集团公司第七〇八研究所（以下简称七〇八所）和上海外高桥造船有限公司通过集成设计创新，突破锚泊和动力定位等多项关键技术，建造第六代深水半潜式钻井平台，成为中国装备制造业高端突破领先的一个缩影（图2-6）。

图2-6　3000m深海石油钻井平台

"海洋石油981"设计思路的最显著特征是面向战略需求的集成创新，通过系统性的集成设计创造性地整合全球一流的设计理念和装备，各项创新要素之间互补、融合、优化，使系统的整体功能发生质的变化，实现跨越式发展。同时，在集成设计的基础上进行自主创新设计，突破了诸多关键核心技术难题，提升我国深水海洋工程装备自主创新能力（图2-7）。其具体实施过程分三个阶段：

图2-7　建设中的海洋石油981平台

第一阶段：开展前期研究

中国海洋石油总公司联合七〇八所及国内高校等优势力量，以充分吸收利用国内外创新人才和技术为起点，开展前期研究。通过开放合作，从分析国外最先进的典型船型和方案着手，进行技术理念和特点的深化研究，提出针对南海海域的深水半潜式钻井平台性能指标和概念设计方案，并制定进行基本设计船型方案国际招标的技术要求和设计基础。

第二阶段：进行联合基本设计

中海油应用集群管理设计的思维，将孤立的要素集成为创新平台上的组成部分，使得整个组织成为创新的主体。集成创新设计具有巨大的凝聚效应和创造空间，让近百家国内外单位为了一个目标集成为一个整体，又在各自最擅长的领域贡献出价值，让人才得到了最大化的锻炼和发挥。依托于中海油的组织能力以及先进的管理设计与众多伙伴合作协同共创，形成了具有自主知识产权的基本设计方案。针对南海海域恶劣环境条件和平台的技术要求，重点进行了平台主要尺度、总体布局、运动性能、结构性能及关键系统深化、优化设计。

第三阶段：进行平台工程建造和海上试验

详细设计期间，系统性地突破了平台总体综合性能优化、关键结构设计、重量控制及主要系统集成优化设计等一系列难题，系统性地解决了平台设计核心关键技术。

2.2.3 设计创新点

1 集成设计引领跨越

"海洋石油 981"是适应我国南海兼顾世界其他主要海域作业的性能指标先进、具有自主知识产权的第六代深海半潜式钻井平台。设计方案体现了优异的运动性能、高稳性储备，综合协调、有机融合的总体布置，先进的设备配置，高效的作业效率等特点，各项性能指标达到了国际先进水平。同时，通过建立深海半潜式钻井平台设计技术、数值分析技术、规范及设计标准三大技术体系，实现了技术体系集成创新。《深海半潜式平台设计规范》以及设计指导性文件的成功编制，填补了我国在该领域的空白。

❷ 技术创新突破关键

　　稳定性和结构强度设计满足了 200 年一遇的台风环境参数要求，平台达到作业性能指标和安全性能指标综合统一的高水平。首次设计了适应南海环境条件的锚泊和动力定位组合配置方案。在 1500m 水深范围，采用 12 点锚泊定位系统实现节能与稳定双重目标；在 3000m 水深范围，采用 DP3 等级的目标平台动力定位系统，在精确计算的基础上，靠 8 个推进器达到平衡定位目的。另外，深海半潜平台水动力性能混合模型试验技术、动力定位性能分析软件和 DP3 动力定位仿真装置等多项成果获得了国家发明专利授权和相关软件著作权登记（图 2-8）。

图 2-8　钻井平台出坞

3 配套设计助推发展

实现了深海钻井系统部分关键设备的国产化研制，完成了技术性能先进的 6000 马力钻井绞车、伸缩式铁钻工、3000 马力高压泥浆泵的自主设计与制造，技术性能达到了国际先进水平（图 2-9）。

图 2-9　3000m 深海石油钻井平台

2.2.4 设计先进性指标

1 半井架型式设计突破传统隔水管存放方式，采用直接作用式隔水管张紧系统的钻井系统。与国际同类先进平台相比，平均时效高达 86%，钻井时效提高 10%，直接经济效益超过 100 亿元。

2 创新突破原参考船型，量级提升关键技术指标，作业水深由 2286m 提升至 3050m，钻井深度最大可达 12000m，可变载荷由 7000t 提升至 9000t，锚泊定位系统由 8 点提升至 12 点，锚泊定位水深可达 1500m。

3 世界首次研制成功高强度 R5 级海洋工程系泊锚链，破断载荷达到 860t，较 R4 锚链提高 17%，形成 ABS 的 R5 级锚链标准。

2.3 蛟龙号载人潜水器

中船重工第七〇二研究所

2.3.1 案例背景

随着深海科考和资源探测需求日益迫切，作为深海科考和资源探测重要手段的载人潜水器研发也势在必行。中国载人深潜队伍瞄准水下 7000m 深度的科考作业和国际领先技术水平，通过不断地摸索和试验提出了我国深海载人潜水器的设计方法，以我国工业生产水平为基础并吸收国外先进技术开展蛟龙号的总体设计，设计出了总体性能优越、功能强大的蛟龙号载人潜水器，填补了我国在深海载人潜水器领域的空白（图 2-10）。

图 2-10　蛟龙号载人潜水器

蛟龙号载人潜水器在设计之初就以"先进性、实用性、可靠性、安全性"为设计目标，结合先进的设计和制造手段，遵循"载体性能与作业要求一体化、技术先进性和工程实用性统一化、技术要素规范化、结构分块化、功能模块化"准则，将注重多学科优化作为设计创新理念。

蛟龙号载人潜水器的设计依托中船重工第七〇二所长期的技术积累和比较完善的试验设施体系，创新提出了四要素设计方法，整体采用自顶向下的3D设计理念，结合深海环境、用户需求和我国工业水平，采用多学科优化设计方法进行优化集成，成功研制了性能优越的蛟龙号载人潜水器（图2-11）。

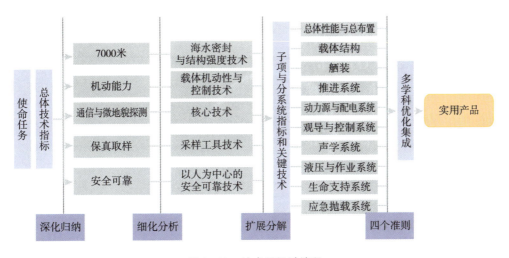

图2-11　蛟龙号设计流程

1 打造卓越性能

蛟龙号的设计采用了独特的低阻流线型主体+X型稳定翼+7个矢量布置的推力器的水动力布局形式，让其载体既具有六自由度的良好机动能力，又具有稳定的低阻直航性能，配合先进的控制策略，实现了深海载人潜水器的复杂海底操控。另外，设计研发的液压泵送移动水银技术，基于多传感器信息融合的自主导航技术，突破了超大潜深纵倾调节难题，实现了深海载人潜水器的爬坡航行功能和深海路径操控（图 2-12）。

蛟龙号在国际上首次实现了大深度载人潜水器的悬停定位控制，实现了针对目标所需的稳定作业。同时，蛟龙号突破的大深度载人潜水器高精度定高航行控制技术开创了载人潜水器距海底为 0.5 ~ 1m 的高效搜寻、探测作业模式，让蛟龙号的深海作业能力进一步提高。

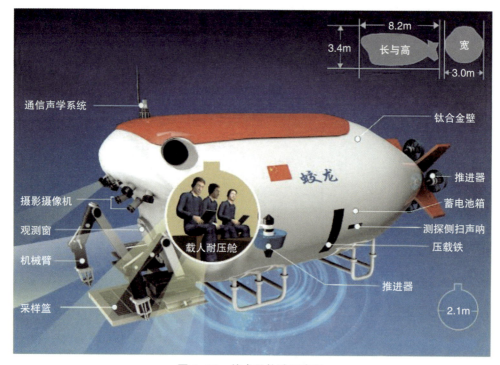

图 2-12　蛟龙号构造示意图

② 实现高安全性、高可靠性

为了有效地避免故障引起的后患，蛟龙号的设计方案采用了大潜深电气设备及线路的绝缘故障预警检测装置，该装置可以实时判别故障的级别，提前采取相应的故障隔离措施。另外，动力供应、水声通信、生命支持等关键系统同时配备故障报警设计，并通过冗余设计实现容错控制。

为了进一步确保深海作业的安全性和可靠性，在蛟龙号的研发过程中，首次设计出电爆螺栓、液压驱动等多种应急抛载装置，实现蓄电池箱、采样篮、机械手、水银等的单独抛弃和集合抛弃，使得蛟龙号在海底作业时如遇到泄漏或缠绕等各种紧急情况下可有足够的浮力，确保安全上浮。假设潜水器在海底被陷时，可以释放首次在大潜深潜水器上设计的应急浮标释放装置，通过浮标和潜水器相连的牵缆，对潜水器实施解困救援。

③ 突破超常规的大潜深耐压技术

　　超常规的大潜深耐压技术是大深度载人潜水器的核心技术，蛟龙号的研发过程中，创立了 7000m 级钛合金载人球舱应力强度标准、设计计算方法、开口加强和试验检测等方法。依据这些设计方法，钛合金载人舱球壳采用一体化框架结构设计（图 2-13），既可承载潜水器的所有设备，又可以方便维护。同时，以超大潜深双向压力补偿技术为基础，设计了蓄电箱内下潜时补偿油体积压缩和上浮时放电所积累的气体膨胀的双向压力补偿，有效地减轻了潜水器重量，实现了载人深潜的梦想。

图 2-13　蛟龙号一体化框架结构

④ 打造卓越作业系统

　　在 2.1m 直径载人舱内，3 位乘员与各种操纵设备形成一个整体，不仅提高了空间利用率，还提升了乘员的舒适性和工作效率（图 2-14）。另外，机械手与采样篮组合的设计，实现了深海的各种高难作业；灯光视频系统的设计，实现了在深海的高清晰拍摄。

图 2-14　蛟龙号载人舱内部

2.3.4　设计先进性指标

　　蛟龙号是我国自行设计、自主集成、独立完成海上试验的国际上工作深度最大的作业型载人潜水器。在国际上首次突破了 7000m 级科学考察和资源勘查载人潜水器总体集成设计、总装建造、试验测试等关键技术。

　　截至 2015 年，蛟龙号已成功实现了 3 个航次的应用，在南海、太平洋和印度洋上，完成了超过 40 次的下潜作业和超过 20 多人次的科学家下潜，采集了大量的样品，拍摄了宝贵的影像资料，为南海科学研究、大洋资源与环境调查、热液硫化物探索做出了重大贡献。

2.4 北斗和遥感卫星综合管理平台

北斗航天集团

为解决国家安全、经济发展、社会服务等领域的信息孤岛问题，北斗航天卫星应用科技集团（简称北斗航天集团）依托自身强大的科研资源，从事北斗卫星综合应用的设计和推广。从 2010 年开始，相继开发了北斗一代基带芯片、1.5G 双核多媒体芯片、系列信息采集器等，并与中国科学院遥感所紧密合作，设计了北斗和遥感卫星综合管理平台，是国内第一家融合北斗导航定位、授时技术和遥感遥测技术的综合管理平台，可广泛应用于应急管理、社会管理、智慧产业园区和智慧城市管理等领域（图 2–15）。

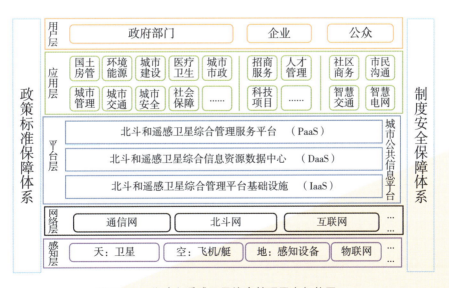

图 2–15　北斗和遥感卫星综合管理平台架构图

北斗和遥感卫星综合管理平台设计之初，就从信息安全和信息采集的时空一体来规划，结合芯片技术、模块技术、终端装备制造技术等，按照"信息安全和可复制、可推广、可开发"的理念和"一张图、一个平台"的思路进行创新设计。平台的设计致力于解决不同社会管理模块和经济服务模块以及综合性管理协调模块的相适应问题，实现信息互联互通，解决信息孤岛问题（图2-16）。

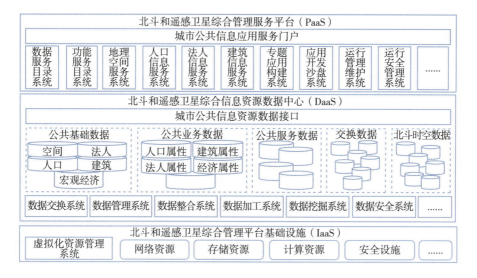

图2-16 北斗和遥感卫星综合管理平台系统组成图

北斗航天集团从政府、企业和个人对经济管理和社会服务的顶层需要出发，围绕目前尚未解决的主要瓶颈，从软件、硬件两个方面来设计平台的解决方案，降低了平台设计和测试的周期，同时把北斗和遥感两大卫星系统整合在一个应用平台，提高了平台的服务效能和服务领域（图2-17）。

通过市场调研、芯片开发、模块开发、信息采集终端研发和平台架构设计，形成了北斗航天集团北斗和遥感卫星综合管理平台，在天津生态城通过了平台的测试验收，

图 2-17 北斗和遥感卫星综合管理平台项目应用

并应用到国家应急指挥系统、国家森林防火和森林开发、特殊关爱人群等领域。

2.4.3
设计创新点

信息安全保障设计

平台的设计采用网络等保三级管理体系，应用设备自动采集、录入的技术，通过网络终端的 PKR 认证和采集终端、传输设备 CPK 认证，减少了信息的人为修改概率，提升 IDC 的安全性和数据存储的安全性。同时，应用北斗导航定位、授时、短报文与时空监测功能，实现平台与终端产品时空上的统一和数据精准。

信息互联互通设计

基于"一张图、一个平台"的设计理念，平台的设计利用高分遥感地理信息技术与多网合一的信息处理技术，通过终端装备的 W-BUS 白组网功能，实现北斗网、移动网、互联网天地互备，彻底解决了阻碍互联互通的技术瓶颈，解决了信息传输中受制于地形地貌等的困扰，杜绝了信息孤岛现象的存在。通过信息互联互通设计，提供数据通信、应急指挥、监测监控、信息采集、信息发布等服务，将现有数据进行融合和大数据综合分析，避免重复建设，减少资源浪费，提升信息多元利用的价值（图 2-18）。

图 2-18 北斗和遥感卫星综合管理平台展示图

市场推广便利设计

首先，平台具备可复制性。可以广泛应用于车辆管理、电子政务、数字社区、应急指挥、地质土壤监测、海洋环境监测、大气污染监测、气象信息采集、产业园区管理、智慧城市管理等经济管理和社会服务的多个领域。其次，平台具备可移植性。标准化的模块设计和数据处理技术，可以在一个社区、一个产业园区、一个城市移植到另一个社区、另一个产业园区、另一个城市。再次，管理培训便利性。平台采用数据自动采集、传输、录入和模型化处理，人机界面采用可视化、透明化、智能化和人性化设计，减轻人工工作量。

2.4.4 指标设计先进性

2012 年 12 月，北斗卫星系统开始亚太组网测试，到 2014 年完成测试并开始进入商业化应用。北斗和遥感卫星综合管理平台应用于五级应急预警指挥系统的国家级中心平台、森林防火预警应急及森林防护管理、京津冀一体化环境实时监测等，并在全国各地开展智慧城市具体项目建设。

2.5 全民低成本健康工程体系

深圳创新设计研究院
中国科学院深圳先进技术研究院
深圳中科强华科技有限公司

2.5.1 案例背景

目前，中国基层医疗机构仍然是一个薄弱环节，基层医疗机构和社区卫生服务中心都普遍存在着就医情况差、设备不齐和严重老化现象。深圳创新设计研究院、中国科学院深圳先进技术研究院和深圳中科强华科技有限公司，针对我国医疗资源分散不均、看病难、看病贵的问题，融合设计创新、科技创新和服务创新，以便携式全科医生工作站为载体，设计全民低成本健康工程体系，探索我国基层医疗发展的创新解决方案（图2-19）。

图2-19 农村医疗问题亟须解决

2.5.2 设计思路

全民低成本健康工程体系设计思路的特点集中体现在其面向知识网络时代的创新设计理念，以医疗信息大数据为创新资源，以云计算、云注册、云交换、云索引等自主可控核心技术为基础，遵守从用户到用户的闭环设计流程，设计全民低成本健康海云工程（图2-20）。其主要设计内容包括三个方面。

1)

以需求为导向的前期研究

围绕基层医生和病人，结合当前医疗改革覆盖城乡的重点方向，通过应用场景调研、实地走访、医生走访、基层民众交流、换位体验等多角度进行深入研究，针对以往高端医疗设备一到基层就"报废"的情况，确定以低成本健康研究和推动为目的设计导向。

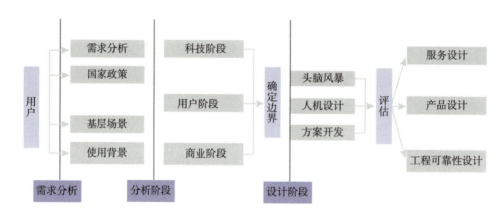

图 2-20　从用户到用户的闭环设计流程

2)

以应用为背景的分析阶段

设计过程既需要考虑到基层乡村医生、卫生工作站的用户特点，同时也需要兼顾产品在城市社区、医院的应用场景，拓展产品的商业持续性。在确立设计边界的过程中，逐步开发云计算和大数据等技术的应用。

3)

以仿真为基础的产品设计

通过头脑风暴、人机设计等设计环节，最终设计出全民低成本健康海云工程解决方案。在评估环节中，兼顾产品设计、服务设计和可靠性设计。其中，通过应用环境仿真可靠性设计，对产品跌落的抗冲击性能、内部散热性能进行深化设计，减轻出诊重量，提升了产品可靠性（图2-21）。

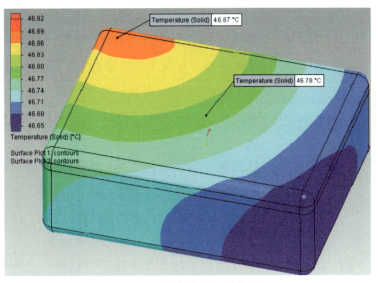

图 2-21　整机散热设计实验

低成本医疗解决方案设计

　　低成本健康海云工程包括健康云和海终端两项核心技术。健康云平台，是利用云计算、云注册、云交换、云索引等自主可控核心技术，为政府卫生管理部门、医卫机构、医务人员提供低成本、易使用、易维护、高安全的医疗管理软件和数据服务系统，实现区域医疗卫生数据共享、区域业务协同，快速提升区域居民电子健康档案的建档率，并可共享利用。为家庭医生、社区卫生机构开展健康监测、健康评估、高血压、糖尿病等慢性病全程管理，医生工作站的门诊预约、远程医疗咨询会诊服务提供方便。此外，健康云平台可与医院信息化实现异构兼容、无缝对接，消除信息孤岛，大幅降低医疗卫生信息化系统的投入和运维成本。通过对海量数据的发掘，有助于帮助医生实现精度诊断，同时判断预防和辅助治疗复发疾病。

　　海终端是为村卫生室设计的便携式全科医生工作站。设计团队将适宜的医学影像、生物、电子、信息等集成技术运用于终端设备，同时植入自主研发的微流控微电子生物芯片血球仪等高新技术产品，设计出便携式多功能健康检查设备，为居民提供血常规、尿常规、心电图、血氧、耳鼻、视力等几十项健康检查。N 合 1 模块化设计方案，实现了产品功能的定制、扩展，后期维护的模块替换。海终端工作站不仅可以置于卫生所、社区医院等固定场所，解决了村卫生室缺乏设备、服务水平低的难题，而且可以随身移至村民、牧民家中，开箱即可进行基础医学检查。通过箱体、壁挂、背包多功能的一体化设计（图 2-22），彻底解决以往接线装配导致设备损坏，使用效率低，甚至无法使用等问题。简洁而易懂的操作界面，降低了使用门槛，让产品真正能在基层使用，为农村病患者提供了准确的诊断依据，大大简化医生的检测工作，降低患者的检查成本。

提升基层服务体验设计

全民低成本健康工程体系建立了基于云计算的产品应用服务系统，联合中华医学会全科医生分会设计了村医培训教材和实训体系，并将培训内容植入海云工程健康云平台，为提升医务人员的技术水平提供了良好的学习平台。同时，对医疗服务进行了重新设计划分，简易检查项目由基层医生完成，专业心电图、尿检测、血检测等由远程检查完成，提高基本医疗服务可及性、专业性，全力打造乡村半小时医疗服务圈。另外，配合国家全科医生临床培养试点工作的推进和落地，推动医疗服务从临床向健康管理发展，保障城市社

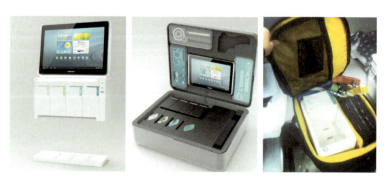

图 2-22 整机设计、核心机壁挂场景以及外出按需就诊背包设计

区、乡镇和农村广大民众的疾病诊疗和健康管理，结合基本公共卫生服务、健康档案服务和常规全科检查，将病历档案与医生系统提醒相结合，便于基层医生有针对性地开展日常工作，预防大病。

2.5.4 设计指标先进性

全民低成本健康工程体系设计瞄准基层需求，使健康工程从临床医疗个案发展到区域医疗信息资源的共享和实现远程医疗，实现了医疗健康服务的广度和深度覆盖。已申请专利 22 项，授权专利 11 项，2013 年核心发明专利获国家专利优秀奖，2013 年度获广东省专利金奖。至今已在6000 多个村建立了示范网点，具备了在全国范围内开展规模产业化的条件。2014 年实现市场占有率 32%。

2.6 全地面起重机QAY1600

徐工集团

2.6.1 案例背景

2001 年以前，我国全地面起重机产业一片空白，全部依赖进口，严重制约了我国重大工程建设的步伐。在全地面起重机研发初期，徐工集团（简称徐工）面对着缺乏产品关键核心技术、国内基础配套体系无法支撑、制造工艺保障水平达不到设计要求、全地面起重机被欧美全面垄断等严峻考验。为此，徐工以设计推动七大关键技术突破和工艺创新，自主设计我国 1600t 全地面起重机 QAY1600（图 2-23），一举打破被国外垄断的局面。

图 2-23　QAY1600 全地面起重机风电施工首吊

2.6.2 设计思路

设计协同共创研发体系

徐工设计出产品、技术、配套体系协同突破、分步实施的产业化策略。徐工从"并行设计"中找到灵感，在产品研发概念设计阶段，定义了产品、技术研发方向，分别形成了子系统技术研发团队与产品研发团队。同时，针对不同吨位产品对材料性能的要求，与宝钢、舞钢等企业合作研发，提高钢铁材料等级。国产化配套方案与设计要求提交专业发动机配套企业进行开发，打造全地面起重机国产心脏。到目前为止，300t 以下的全地面起重机主要零部件基本实现了国产化。另外，徐工以创新设计为先导，突破关键核心技术，进行工艺流程、研发体系创新，率先设计建成全地面起重机线性化、柔性化现代制造体系（图2-24），让整体工艺与装备技术达到行业标杆水平。

图 2-24　柔性生产车间

设计全球布局研发平台

经过近十年的布局设计，通过全球资源协同、核心零部件培育、研发过程创新多措并举，徐工构建了全球化研发平台。徐工以各产业技术中心为研发主体，以江苏徐州工程机械研究院为技术研究平台，形成国家级技术中心三级研发体系，并在全球设立了四大研究中心，从而形成了辐射全球的研发布局。研发过程设计是徐工提升全球化研发平台运行效率的有力手段，主要着力于协同研发平台建设、结构化的流程管理以及人力资源管理和创新激励。徐工通过运用产品数据管理（PDM）平台进行全地面起重机的协同研发，对研发流程的梳理和再造，形成了结构化的研发流程，并以项目管理为核心，重新构建了研发管理体系。借助全球化的资源支撑，产品研发取得快速突破，使全地面起重机的平均研发周期由原来的 30 个月缩短至 18 个月，新技术的推广应用的时间缩短了一半，产品的可靠性得到稳步提升（图 2-25）。

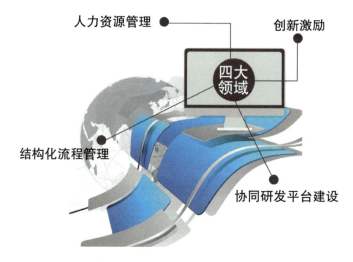

图 2-25　智能化的全球协同研发平台

设计客户需求导向策略

在产品研发过程中，与市场用户深度融合。在产品概念设计阶段，研发团队组织资源，实地调研，了解到了风电施工吊装作业的难点以及转场效率低等实际问题，进行重点研发攻克，设计出风电专用起重臂，由主臂加一节风电臂组成，这种专用起重臂部件少，重量轻，臂架缩回时长度短，转场时不需要拆卸，起重能力是同吨位进口车的 120%，作业效率是进口品牌的两倍。

创新技术设计提高性能

我国起重机均是钢板弹簧悬架，而全地面起重机装备需要有良好减震性能、变刚度变高度的油气悬架，显然我国在此方面处于空白。徐工率先设计出将技术研究从整车调试试验中分离的研发试验方式，引进汽车领域仿真分析方法，建立多体联合仿真模型与油气悬架试验台架进行分

2.6.3 设计创新点

析（图 2-26）。通过将近半年的整车道路模拟振动实验，技术人员对系统进行了反复改进，攻克油气悬架技术难题。其中，油气悬架的重载承载能力超出国际标杆水平 10%。

针对机械连杆转向无法解决多轴车辆低速转向灵活性和高速转向安全性之间的矛盾，徐工率先进军多轴多模式电液转向技术。徐工通过多体联合仿真设计优化各轴运动轨迹，并以车速为依据、以转向姿态为控制目标，创立闭环控制系统。同时以计算机控制技术为基础建立故障诊断库、设计严密的失效保护策略。多轴多模式电液转向设计能够实现公路行驶、后轴转向锁死、防甩尾、蟹行、小转弯、后轴独立转向等六种多轴转向模式，能够实现在公路行驶时根据车速变化主动调整转向姿态，其各轮转向角控制精度小于 0.5°，公路行驶转向响应时间小于 1s。

传统起重臂采用油缸加绳排伸缩技术，由于机构部件多、重量大、安装空间大，只能实现 5 节臂伸缩，使起重臂的作业长度不超过 60m。徐工设计的多节臂单缸插销伸缩机构（图 2-27），提出多节臂自动伸缩和锁定控制策略，通过伸缩油缸往复运动，实现了自动伸缩和轨迹优化，使起重臂的节数从 5 节突破到 8 节，作业长度达到了 105m。

图 2-26　全地面起重机油气悬架台架测试

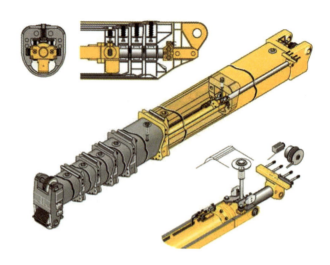

图 2-27　多节臂单缸插销伸缩系统

徐工在国内最先研究超起技术，攻克超起系统中变刚度钢丝绳与柔性臂架及刚性超起支架间的非线性刚柔分析、超起锁止机构自动上锁与解锁、超起卷扬钢丝绳随起重臂伸缩的同步控制三个技术难题。超起装置解决了起重性能随臂长增加衰减过快的技术难题，将 500t 的全地面起重机的起重能力最大提升了 3 倍，臂架长度突破至 180m，超过国际标杆水平。

创新系统设计保证稳定

目前国内外行业对大型车辆的制动均引入辅助制动形式增强行车制动时的安全性，但存在制动距离长、驾驶员劳动强度大和主观判断导致安全性低的问题。徐工通过制动控制系统优化计算、复杂路况信息采集与分析、台架模拟试验等手段，设计了行车制动与多种辅助制动的自动关联和统一管理系统（图 2-28）。管理系统的设计使 30km/h 车速时的制动距离比行业标杆缩短了 0.93m，行驶操纵更加简便。

我国起重机采用的通用控制阀的开式液压系统存在微动性、平顺性差、效率低的问题。徐工通过现场试验和半物理试验相结合的方法，找出现有控制系统的缺陷，消除

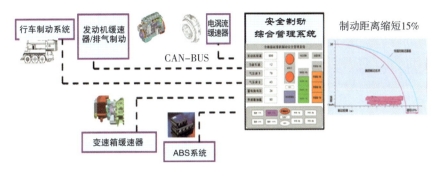

图 2-28　大型多轴车辆制动综合管理技术

脉动和冲击，实现了液压系统微动性和平稳性。在此基础上开发出了基于压力记忆方法的起升闭式液压控制系统，解决了起重机二次起升下滑、下降失速的问题。产品的作业精度达到 2 ~ 5mm。

创新工艺设计推动质量

在工艺技术方面，设计团队突破 "U" 形臂设计与制造技术（图 2-29），解决臂架尺寸精度控制难题。通过数控步进折弯、挠

成型设备

正在成形

成形完成

形状检测

图 2-29　"U" 形起重臂折弯成型过程

度补偿、大步进、圆弧尺寸设计优化等一系列的设备、工艺和操作的设计，徐工形成了大圆弧槽形上盖板一次成型、椭圆形下盖板步进折弯成型和自制模具补偿变形的工艺制造方法。同时，徐工研发应用了激光复合焊接技术、焊接反变形技术，通过焊接模拟仿真与试验结合的方式，掌握筒体焊接的变形规律，使"U"形臂筒体焊后变形控制在8mm以内，尺寸一致性10mm以内，焊后无须整形。

传统平衡重固定式结构，随车携带。徐工设计的组合式自拆装平衡重技术，攻克了平衡重优化组合、快速拆装及可靠挂接三个技术难题，实现了在不借助任何辅助吊装设备情况下，平衡重的准确定位、组合和快速自拆装。

2.6.4 设计先进性指标

徐工通过自主创新，成功实现全地面起重机产业空白突破，打破了国外垄断，改变了我国以中小吨位汽车起重机为主的产业结构和全球轮式起重机市场格局。面向全球市场研发的 55 ~ 300t 主力机型已出口至俄罗斯、巴西、新加坡等 10 多个国家和地区。已实现销售近 1300 台，总销售额约 120 亿元，新增利润约 27 亿元，出口销售额约 15 亿元。

2.7 京东物流

北京京东世纪贸易有限公司

2.7.1 案例背景

现代物流是电子商务可持续发展的关键所在。京东自主设计建立独特的物流体系模式，提供"商物合一、仓配一体（仓储＋配送）"供应链解决方案，致力于解决商家成本、时效、网络、稳定、安全、系统六大痛点（图2-30），提供多、快、好、省的服务，保障用户享受卓越、方便快捷的配送服务和购物体验，帮助实体商家打造O2O（Online to Offline，即指将线下的商务机会与互联网结合）大入口，实现电商化。

图 2-30 电商六大痛点

2.7.2 设计思路

京东物流以"绿色节能、高效智能"为发展理念，以"科技创新"为驱动，全方位打造"时效、环保、创新、智能"的绿色物流体系。从商品的仓储、运输到配送，真正实现电商模式下的"一件商品的绿色旅行"。

① 建设一流的电商物流中心

京东的亚洲一号是当今中国最大、最先进的电商物流中心之一（图 2-31）。亚洲一号共分两期，规划的建筑面积为 20 万 m²，其中已经投入运行的一期定位为中件商品仓库，总建筑面积约为 10 万 m²，分为 4 个区域——立体库区、多层阁楼拣货区、生产作业区和出货分拣区。其中，立体库区库高 24m，利用自动存取系统（AS/RS 系统）的设计，实现了自动化高密度的储存和高速的拣货能力；多层阁楼拣货区采用了各种现代化设备，实现了自动补货、快速拣货、多重复核手段、多层阁楼自动输送能力，实现了京东巨量 SKU（Stock Keeping Unit，库存量单位）的高密度存储和快速准确的拣货和输送能力；生产作业区采用京东自主设计开发的任务分配系统和自动化的输送设备，实现了每一个生产工位任务分配的自动化和合理化，保证了每一个生产岗位的满负荷运转，避免了任务分配不均的情况，极大地提高了劳动效率；出货分拣区采用了自动化的输送系统和代表目前全球最高水平的分拣系统，分拣处理能力达 16000 件 /h，分拣准确率高达 99.99%，彻底解决了原先人工分拣效率差和分拣准确率低的问题（图 2-32）。

图 2-31　京东亚洲一号

图 2-32　自动化流水线

2 打造绿色高效物流

京东以"一件商品的绿色旅行"为设计理念，从商品的仓储、运输到配送，打造了电商模式下的绿色高效物流（图2-33）。

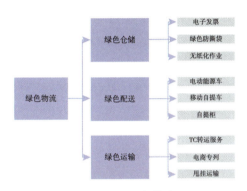

图2-33 绿色物流

（1）绿色仓储

京东通过电商专用商品包装的设计使用、二次纸箱循环使用、新型防撕袋专利技术的积极推广实现资源的节约利用。同时，通过射频（RF）、电子仓单、电子运单、电子发票等的设计使用实现仓储的无纸化作业。另外，在亚洲一号仓库的基础建设中使用节能环保材料、LED照明、物流设备延时开关等实现仓储设施设备节能环保。

（2）绿色运输

京东通过集装单元化与物流容器共用，与托盘租赁公司开展合作，使用托盘、周转箱、笼车运输并全国共用，提高了装卸效率，减少破损浪费。TC转运服务的设计，从源头上整合供应商零散货物，实现共同配送到全国，整车运输。一方面，通过与铁总合作，部分线路使用电商专列；另一方面，自建干线车队，最早开启甩挂运输试点，引进进口牵引车以及铝制挂车，进一步提高运输效率。

（3）绿色配送

京东的绿色配送体系包括电动车、移动自提车、自提柜的使用。电动车的使用贯穿摆渡、传站、终端配送全流程作业环节，实现了从库房到库房的摆渡、从库房到站点的传站、从站点到客户的"最后一公里"的绿色配送。移动自提车每天分时段流动于不同社区，用户可以直接通过移动自提站点的 IPad 下单、取货，最大限度地提高了用户体验。自提柜支持 24 小时随时提货，支持货到付款，安全、隐私、无须等待。

❸ 推动供应链模式创新

京东创造性设计了以协同仓为基础的供应链模式（图2-34），与上游供应商共建仓库，实现供应链协同发货，能够在源头上减少货物的流动，减少了运输成本，降低了货损风险，提高了库存周转率。

京东抓住智能网络、共创分享的时代趋势，有效运用社会化运力，设计 2 小时送货上门服务众包物流的抢单式新体验。同时，京东借助智能网络和云平台实现互联互通，打造了全渠道、多平台开放物流服务，实行多店铺间库存共享，满足了跨平台业务物流需求。另外，双层库存结构的设计可以实时控制前台库存，能够配合商家的多种销售策略。

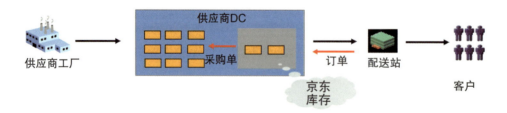

图 2-34　协同仓模式

**2.7.4
指标设计先进性**

截至 2015 年 6 月 30 日，京东在全国拥有 7 大物流中心，在全国 44 座城市运营 166 个大型仓库，拥有 4142 个配送站和自提点，覆盖全国 2043 个区县。京东专业的配送队伍能够为消费者提供一系列专业服务，如：211 限时达、次日达、夜间配和三小时极速达，包裹实时追踪、售后 100 分、快速退换货以及家电上门安装等服务，保障用户享受到卓越、全面的物流配送和完整的"端对端"购物体验（图 2-35）。

图 2-35　京东专业配送

2.8 自动化集装箱码头系统

上海振华港口机械（集团）股份有限公司

随着集装箱运输迅速发展，加上集装箱船舶的大型化建造，传统集装箱码头面临吞吐量急剧增长的巨大压力（图2-36）。码头向自动化、智能化方向发展已经是大势所趋。面对复杂多变的国际竞争，上海振华港口机械（集团）股份有限公司（简称振华）怀揣着"世界上凡是有集装箱作业的港口，就要有振华港机的产品"的振华梦，致力于填补国内全自动化码头的空白。振华设计开发了国内首个低能耗、智能化的集装箱码头系统。系统体现出巨大优势，打造出国内领先、国际先进的低能耗、智能化的自动化集装箱码头（图2-37）。

图2-36　振华无人码头

图 2-37 振华无人码头

2.8.2 设计思路

振华自动化集装箱码头系统以集装箱码头自动化和实际改造过程中的问题为导向，制定了广适应性、自动化、节能环保、设备作业耦合、智能调度的设计目标，并且将"自动化集装箱码头系统"作为突破口和抓手，进行自动化码头开发。

2.8.3 设计创新点

1 创新设计助推行业改造升级

目前，国内外绝大多数的集装箱码头堆场作业仍采用常规轮胎吊，其典型布局形式为堆场平行于码头岸线。而目前所有的全自动化 AGV（自动引导运输车）码头，其堆场为垂直于岸线布置（图 2-38）。为了打破 AGV 全自动化码头堆场垂直布置的常规，振华将码头后方堆场与岸线平行布置，开创了现有码头因地制宜改造升级为自动化码头的新局面。

装卸系统的作业效率受水平运输

图 2-38 AGV

设备的影响，尤其是水平运输与岸桥或场桥之间的作业耦合，导致码头主要装卸设备的长时间等待或者产生严重的交通拥堵。振华研发了安装于堆场和 AGV 工作交接区的 AGV 自装卸支架（图 2-39），该区域是在 AGV 或轨道吊未就位时另一设备堆放集装箱的缓冲区，具有从 AGV 上自动装卸集装箱的功能。该设计解决了轨道吊与 AGV 之间需要相互等待的作业耦合问题，不仅可以减少约 1/3 的 AGV 数量，减少了水平运输区域产生拥堵的可能性，而且提高了转运环节的作业效率和系统作业效率的稳定性。

图 2-39　AGV 自装卸支架

② 创新设计助推绿色智能

　　基本上所有的集装箱码头，其水平运输设备仍无法摆脱内燃机驱动，具有能耗大、污染严重的问题。为减少码头碳排放，实现节能减排，振华探索取消内燃机驱动的可行性，真正实现码头的无污染、零排放、绿色环保。

　　振华以"机会充电"的新理念，设计了全球首个采用全锂电池动力 AGV 的码头，真正做到无污染、零排放、绿色环保。"机会充电"是指，在 AGV 与其他设备进行集装箱交接的必经之地设置自动充电装置进行短时补电，不影响 AGV 的正常运行。这样的设计使 AGV 不必频繁地去特定地点更换蓄电装置或充电，可提高工作效率。对于锂电池而言，浅充浅放使用寿命是全充全放的 10 倍。

全生产流程无人化、智能化的操作调度控制系统的研发一直被国外垄断。振华设计了全自动化集装箱码头设备调度控制系统（ECS）（图 2-40），打破了国外技术的垄断。系统由生产管理系统接口、岸桥管理系统、车队管理系统、堆场管理系统和智能调度系统等模块组成，能够灵活适应码头类型和设备的变化。

生产管理系统接口负责信息交互，可将不同的生产管理系统产生的信息转换为统一的接口供 ECS 使用；岸桥管理系统实时控制码头岸桥设备的运行；车队管理系统负责管理所有车辆的实时调度和自动化运行；堆场管理系统负责管理自动化堆场以及设备的自动运行；智能调度系统是落实码头生产管理系统给出的各种作业计划，

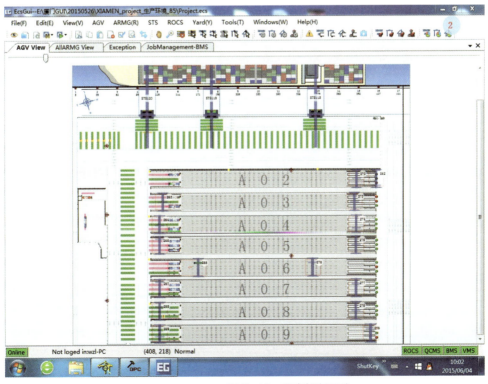

图 2-40　调度控制系统

应用运筹学理论并借鉴现有调度理论和算法，动态实现码头装卸作业设备的智能化调度，保证了系统的流畅平稳运行（图2-41）。

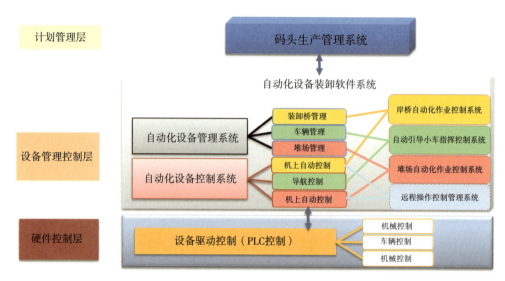

图2-41 码头生产管理系统

2.8.4 设计先进性指标

自动化集装箱码头系统的建成和投产使用，对港方而言，码头作业效率稳定性显著提高，营运成本下降。根据厦门远海集装箱自动化码头14#泊位的规划布局、集装箱吞吐量预测、到港船型分析、各港区功能分工、海沧港区功能定位，其设计吞吐量为70万标箱/年，相当于在原设计能力的基础上增加20%左右的吞吐能力。经初步测算，其年营运总费用较之常规同等规模码头降低15%。

2.9 绿色冰箱设计

合肥工业大学
合肥美菱股份有限公司

由于市场发展的需要以及应对欧盟先后出台的 RoHS、WEEE、EuP 等一系列严格的环保指令，合肥美菱股份有限公司（简称美菱）建立了冰箱绿色设计新方法和新平台，自 2009 年起相继设计研发了 BCD-181SHA、BCD-206DHA、BCD-216L3CA、BCD-278、BCD-301 等绿色冰箱产品及 BCD-350W、BCD-537WPB 等绿色风冷冰箱产品。绿色冰箱系列产品投入市场的前 3 年，即实现新增产值共约 8.09 亿元，新增利润 2097 万元，突破了国际贸易的"绿色壁垒"。

美菱绿色冰箱系列产品以"材料无毒、高保鲜、低能耗、低噪声、可回收"为设计目标，在设计上遵循欧盟 RoHS、WEEE、EuP 及我国《废弃电器电子产品回收处理管理条例》等环保指令要求，并将"环境友好、节能降噪、易于回收"作为设计创新理念。

图 2-42 为绿色冰箱系列产品的设计流程。采用基于 TRIZ（发明问题解决理论）的绿色创新设计方法，主要包括 4 个步骤：①绿色设计需求与 TRIZ 工程参数转化；②创新法则查询；③实例案例显示；④方案的可行性分析。美菱利用该方法进行家电产品的绿色创新设计，研发了多设计目标冲突消解技术，开发了家电产品绿色设计平台软件（图 2-43）。

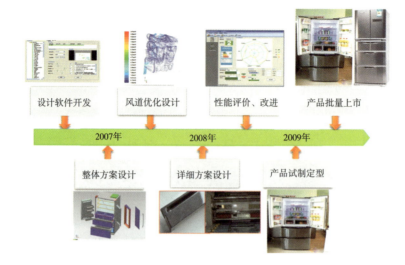

图 2-42 研发历史

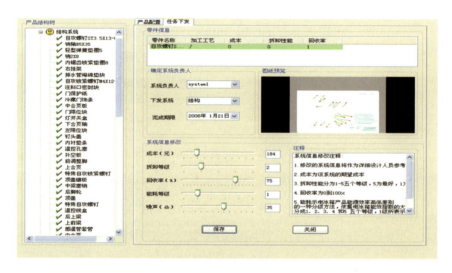

图 2-43 绿色设计平台软件

1 优化设计流程和绿色设计平台

　　美菱系列绿色冰箱的设计研发过程实现了家电企业冰箱设计流程再造，建立家电企业的绿色设计数据库，实现了绿色设计与企业 PDM 系统的无缝集成。同时，通过对设计软件 UG、AutoCAD 与 Pro/E 等的二次开发，实现了绿

图 2-44 绿色设计评估软件

色设计平台与现有设计工具的融合。其开发的冰箱绿色设计平台软件及家电产品绿色性能评估软件（图 2-44），可减少 30% 的设计时间和近 40% 的设计成本。该平台软件还衍生出针对空调、洗碗机、汽车的绿色设计版本，并成功应用于相关企业。

② 打造优异性能

美菱设计建立了冰箱风道的流－固耦合模型，提出了多目标协同优化的流道结构优化及整机降噪设计方法，在不增加制造成本和不降低制冷、保鲜效果的前提下，有效降低冰箱噪声与能耗。针对 BCD-350W、BCD-537WPB 等冰箱，降低了整机噪声 3dB（A）以上，能耗降低约 4%。

③ 助推绿色发展

美菱冰箱针对 RoHS 指令禁用、限用的 6 类物质及国际上禁用的多种氟利昂制冷剂，采用环保的材料替代方案，保证冰箱内不含国际上禁用、限用的有毒、有害物质（图 2-45，图 2-46）。另外，尽量减少热固性塑料等不可再生材料的使用，改为使用再生材料作为外包装材料。

基于各国环保指令对冰箱产品回收率的要求（质量的 60% ~ 80%），新设计的冰箱产品整体回收率均在 85% 以上。冰箱整体结构易于拆解，在破碎

图 2-45　美菱冰箱外观

图 2-46　美菱冰箱正面打开图

前可将抽屉、隔板等件预先拆除。所有塑料件均按国家标准注明塑料种类，且不同材料的塑料件颜色不同，便于色选。同时，将翅片式蒸发器铜管改为铝管，或用丝管式蒸发器代替翅片式蒸发器，便于有色金属分类回收。

4 创新设计建立绿色评价

美菱针对冰箱的绿色性能设计出分级评价指标体系，解决了冰箱产品在绿色评价指标方面的体系欠缺问题。其建立的产品多指标性能参数的绿色性能模糊物元评价方法，解决了以往评价方法无法体现产品、部件、零件的评价层次关系以及不同评价对象之间相互比较的难题。同时设计并开发了家电产品绿色设计评估软件工具，实现了产品 – 部件 – 零件多层次评价和信息反馈。

2.9.4 设计先进性指标

美菱系列冰箱基于绿色环保、节能降噪、易于回收的理念进行设计，符合国际上生态化、可持续的主流消费意识，不含国际禁用、限用的有毒有害物质，可回收率大于85%，比原同容积产品节能4%，降噪3dB（A），上市3年内创汇1775万美元。

2.10 硅砂雨水收集利用系统

北京仁创科技集团有限公司

2.10.1 案例背景

近些年来，随着我国城镇化的快速发展，许多城市都面临内涝频发、径流污染、雨水资源大量流失、生态环境破坏等诸多雨水问题。建设自然积存、自然渗透、自然净化的"海绵城市"已经刻不容缓。北京仁创科技集团有限公司（简称仁创）借鉴了在国际和国内几百个水生态治理工程中积累的技术能力和工程经验，结合自身的海绵城市建设实践，创造性发明的"改变水的界面张力"透水保水新技术，采用沙漠硅砂为原料，研制出具有高效透水滤水功能以及透气防渗功能系列产品。经系统集成，创造性形成落地的创新型系统技术方案——硅砂雨水收集利用系统（图 2-47，图 2-48）。

2.10.2 设计思路

硅砂雨水收集利用系统是采用独有的覆膜砂技术，专门针对道路、广场、绿地、建筑等开发出的一套生态雨水收集系统，实现由传统"点式"排水变成"线式""面式"相结合的"立体"排水，形成"渗、滞、蓄、净、用、排"相结合的雨水系统。该系统主要包含"收集过滤""蓄水净化"和"渗透回补"3 个子系统。硅砂雨水收集利用系统从原材料、透水（防水）原理、结构设计、系统集成等 4 个方面入手，实现了整体的创新（图 2-49）。

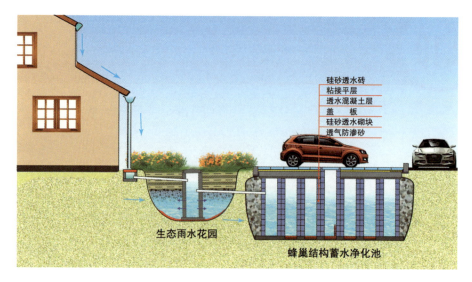

图 2-47　生态雨水花园

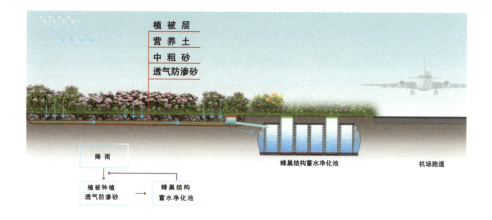

图 2-48　绿地

图 2-49　北京市海淀展览馆雨水系统（前后效果对比）

1 雨水收集系统设计

"收集过滤"子系统，利用具有良好透水过滤性能的砖、路缘石、滤水沟、盖板及树池等产品形成"面式排水"体系，替代传统雨水箅"点式排水"。

"蓄水净化"子系统，在蜂窝状结构蓄水池逐级过滤收集雨水的同时，采用具有透气不透水的防渗层替代传统土工膜，解决储水保鲜难题。雨水可以达到地表水Ⅲ级标准，可用于洗车、灌溉、冲厕等用途。

"渗透回补"子系统，采用透水滤水材料建造集水井，在收集净化雨水的同时实现渗透回补地下水功能。

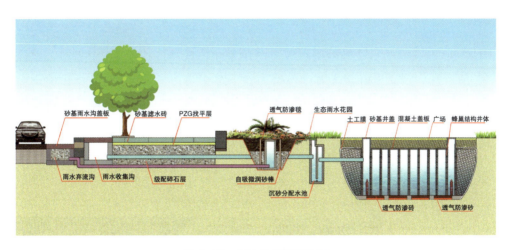

图 2-50 雨水收集利用系统

2 原材料创新设计

创造性发明"改变水的界面张力"透水新技术，采用沙漠风积沙为原料，研制出高效透水滤水功能以及透气防渗功能的系列产品。透水滤水功能系列产品具有透水快、强度高、保水好、不易被灰尘堵塞，透水时效长、透水的同时具有过滤净化水的功能等特点；透气防渗功能系列产品具有透气防渗、接通地气的特点（图 2-50）。

3 蜂窝结构蓄存净化保鲜技术创新

　　雨水进入蜂窝状蓄水净化子系统通过模拟地下水在地层中储存的结构原理，储水经过微孔硅砂井砌块池壁层层过滤净化，悬浮物可去除80%～90%，实现物理净化处理；蜂窝状蓄水净化子系统自身具有物理净化功能外，还具备生物处理功能。底部铺设的透气防渗砂具有透气不透水的功能，能够接通地气，实现水体与地层间的离子交换，水中溶解氧含量为8%～10%，起到对水质的保鲜作用。蜂窝状结构为微生物着床提供载体，水得以生物处理净化。通过物理净化和生物处理系统，出水水质可达到地表水Ⅲ类标准。蜂窝状"蓄水净化"子系统受力均匀，结构稳定，安全可靠。

2.10.4
设计先进性
指标

　　硅砂雨水收集利用系统已成功应用于13个省市，累计300多项不同类型工程（图2-51，图2-52），典型案例包括：国家重大工程、城市化发展重点民生工程、国防保障工程等，应用效果良好。多年来实际应用表明：砂基透水砖具有良好的透水与长效防堵塞功能，收集的雨水储存周期长，水质好，能够实现局部区域雨水零排放。

图2-51　铺装实例

图 2-52　铺装实例

　　硅砂雨水收集利用系统能够有效消除城市内涝，使宝贵的雨水资源得以利用；还为沙漠资源化利用探索出了新途径。截至目前已取得直接经济效益 20.51 亿元，具有显著的经济、社会和生态效益，并为"海绵城市"与"生态文明"建设提供科技支撑。

2.11 超高清一体化智能飞行影像系统

深圳市大疆创新科技有限公司

2.11.1 案例背景

近年来，无人机在影像航拍、灾情调查和救援、空中监控、输电线路巡检、遥感测绘、旅游宣传等民用和商业领域的作用日益凸显。逐渐进入民用市场，成为人们生活的一部分。

另一方面，随着人工智能时代和影像时代的到来，完美的用户体验和高度智能化的飞行控制应用已成为时代要求。深圳市大疆创新科技有限公司（简称大疆）凭借在无人飞行控制系统行业的领先优势，整合推出无人飞行和影像功能的系统解决方案，开发了操作简单便捷并具有良好用户体验的智能飞行影像系统（图 2-53）。

图 2-53　大疆航拍飞行器

智能飞行影像系统是一项整合开发智能飞行控制系统、陀螺式动态自增稳云台、专业影视航拍飞行平台以及超高清数字图像视频拍摄系统等交叉领域前沿关键技术的综合性技术，目的在于为行业提供一种简单、易用和低成本的解决方案。

产品在集成了智能飞行控制系统的飞行平台下搭载陀螺式动态自增稳云台及超高清影像系统，借助高清数字图像传输系统将视频图像实时回传到地面的移动终端上显示。全过程中由遥控系统或地面站系统控制飞行平台的飞行姿态，全高清摄像机可由终端进行远程控制，如拍照、录像、参数设置、拍摄角度等。手持终端设备应用系统还可以方便地从超高清摄像机中将相片和视频下载并同步过来，糅合时下社交网络时代元素，可实时上传到微信、微博等社交平台，随时随地为用户带来完美体验。

1 自主研发核心技术，摆脱对国外技术的依赖

基于全球定位系统和惯性测量单元设计算法来估计飞行器的位置姿态，以便将准确的位姿信息实时反馈给飞行控制器。视觉定位系统能够实现产品在室内和低空的精确定位悬停和平稳飞行。

陀螺式动态自增稳云台技术保证了输出画面的平稳与流畅；4K 相机可以带来高清体验；非球面镜的精密镜组，可显著消除镜头畸变。高清数字图像传输技术可将视距外的景象第一时间送达眼前，实现第一视角的完美体验。

2 创新推出全球首台"会飞的照相机"

顶尖飞行控制技术与专业级航拍相机技术结合，赋予了大疆精灵 Phantom 系列新品全新的视角，打开消费级无人机航拍市场（图 2-54），令每位用户都能够轻松完成专业水准的影像拍摄。同时，开发了可以运行在便携式设备如手机和平板电脑上的用户界面应用程序，作为整个系统

图 2-54 大疆 Phantom 2 vision +

的用户控制台，用户可直接在手机上远程控制相机，观看实时回传的画面，同步所拍视频和照片，获取飞行系统参数等。最终实现智能飞行控制系统、陀螺式动态自增稳云台、专业影视航拍飞行平台以及超高清数字图像视频拍摄系统的全方位系统整合开发（图 2-55）。

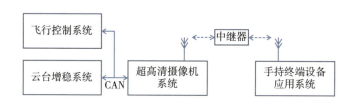

图 2-55 大疆系统

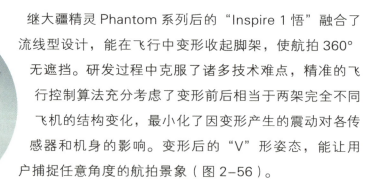

继大疆精灵 Phantom 系列后的"Inspire 1 悟"融合了流线型设计，能在飞行中变形收起脚架，使航拍 360°无遮挡。研发过程中克服了诸多技术难点，精准的飞行控制算法充分考虑了变形前后相当于两架完全不同飞机的结构变化，最小化了因变形产生的震动对各传感器和机身的影响。变形后的"V"形姿态，能让用户捕捉任意角度的航拍景象（图 2-56）。

图 2-56 大疆飞行器

③ 提供开发平台，开拓无限应用

全面开放飞行器的信息采集、飞行控制能力，并准备了丰富的基础技术服务，帮助开发者打造飞行解决方案。

移动软件开发者和硬件开发者都能轻松接入开发者套件，运用飞行器的各项能力创造价值、提供服务，开拓行业应用，带来更多可能（图2-57）。

图像信号　所有信号　　　　　　　　　　　图像信号

主遥控器　　　　　　　　　　　从遥控器

相机控制信号

图 2-57　大疆遥控操作

2.11.4
设计先进性指标

智能飞行影像系统的开发生产使大疆成为行业领军企业，并在已有基础上不断优化、增加新的算法和方法，自动化调整飞行参数，实现各种功能高度集成，降低产品的成本和使用的门槛，让产品能够真正普及。

2.12 G-Magic虚拟现实交互系统

上海曼恒数字技术有限公司

虚拟现实（Virtual Reality，VR）技术在研发设计、生产实验、决策规划、实训培训等多个领域发挥着日益凸显的作用。

在企业的设计研发阶段，VR技术可以提供虚拟数字样机，通过虚拟样机，可进行设计方案评审、人机验证、二次开发等，驱动研发可持续性创新，缩短产片研发周期，节省研制成本。

在企业的生产实验阶段，VR技术可进行虚拟生产、实验模拟。实现精益化生产和企业的可持续发展，缩短生产周期，节约成本，保障企业生产安全。

在决策规划阶段，VR技术可以通过场景模拟、布局设计、监控管理等功能，为企业提供直观、准确、实时的决策信息。

在企业的培训中，VR技术可以提供产品培训、设计培训、操作技能培训、装配培训、演习实训等，帮助企业提高培训效率，节约培训成本，为实现安全化、节约化、生态化培训提供重要保障，达到安全生产、节能高效的目的（图2-58）。

图2-58 虚拟场景漫游

但是，虚拟现实各种软硬件系统一直只兼容自己的设备和 3D 文件格式。不同行业、不同专业的 VR 系统互相不兼容，成为 VR 技术在全产业链信息传递的最大阻碍。

上海曼恒数字技术有限公司（简称曼恒）研发的曼恒 G-Magic 虚拟现实交互系统（简称 G-Magic）集成多项自主研发的核心技术，支持国际化的多元硬件，自适应不同的 3D 软件产品，完美支持多通道立体显示，创新的机械结构可以最大限度利用既有空间，为客户带来"最全能型"的虚拟现实体验系统。

G-Magic 产品的软硬件采用标准化配置和集成式箱体机械结构的模块化组合，通过预留标准接口实现产品模块的阶梯型功能扩展，实现产品按需组合，自由升级。高度集成的模块使得产品对房间环境的依赖不再苛刻，搬迁移动方便快捷，降低空间依赖性，提高通用性和重复使用率。

❶ 高集成度设计

G-Magic 集合了 DVS3D（Design & Virtual Reality & Simulation）软件平台、3D 素材库、6 自由度光学动作捕捉系统、人机交互、虚拟应用交互展示等多项核心技术。这项国内首家实现无须数据转换、无须额外虚拟现实软件、与客户三维建模程序无缝结合的技术，减少了操作步骤和格式转换过程中的数据丢失或损坏问题。支持多通道的主、被动立体显示，支持 100 多种三维格式，可完美读取常用三维工程绘图软件格式的模型，可以实时获取基于 OpenGL 应用程序的渲染数据，实现对模型的三维立体虚拟展示、装配管理、动画编辑和播放等功能（图 2-59）。

提供 VRPN 多元化虚拟外设接口，实现对多种设备的无缝接入和升级，无须定制开发，便可直接用虚拟外设进行场景漫游布局设计、设计拆装、仿真训练、三维测量、结构剖切、标注等交互操作。支持的虚拟外设包括：动作捕捉系

图 2-59 虚拟装配

统、位置追踪系统、导航系统、数据手套、力反馈操作器、鼠标和手柄等。

② 多通道技术研发

曼恒自主研发的 DVS3D 虚拟现实软件平台及多通道技术，实现画面无缝拼接和完美融合，呈现身临其境的 3D 沉浸感受。以 DVS3D 为软件支撑，可以直接实时获取多种 3D 辅助设计软件数据内容，自由搭建 3D 虚拟场景，结合 3D 立体沉浸式投影系统和虚拟外设，让使用者置身真实的环境中进行虚拟展示、虚拟装配、虚拟训练等交互操作，具备协同设计、可视化管理、实时交互等特点。无缝支持多种三维应用程序，快速获取设计师的设计成果进行协同工作、可视化展示及交互应用（图 2-60）。

G-Magic 可进行自适应的分布式多通道画面同步，并实时定位眼部位置，带来完整的虚拟视窗和沉浸式体验。

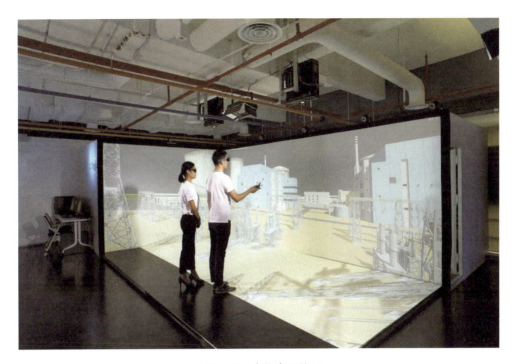

图 2-60　虚拟实训培训

G-Magic 的企业客户超过 400 家，包括高端制造、国防军队、高等教育机构。可为客户提供全方位技术解决方案。

2.13 TGK系列高精度数控卧式坐标镗床

昆明机床股份有限公司

2.13.1 案例背景

目前，国内生产高精度、大规格坐标镗床的厂家偏少，坐标镗床的整体发展水平难以满足工业界需求，我国目前使用的高档数控坐标镗床绝大部分依赖进口。高精度坐标镗床进口过程中存在技术封锁、交货周期较长、价格昂贵等问题，严重影响到我国军工、航空航天、核电、船舶、汽车等行业的发展。

TGK 系列高精度数控卧式坐标镗床是我国沈机集团昆明机床股份有限公司自主研发的高端精密数控机床。昆明机床股份有限公司是我国大型、精密、数控铣镗床（加工中心）的重要研发制造基地，开发、设计、制造和销售卧式镗床、坐标镗床、卧镗式加工中心、高精度数控成像转台、五轴联动大型数控落地式铣镗床、大型数控龙门铣床等系列化产品，广泛应用于我国机械加工业、汽车制造业、飞机制造业、航天工业等领域。

2.13.2 设计思路

TGK 系列高精度数控卧式坐标镗床由床身、立柱龙门、滑板、工作台、主轴系统、进给系统、液压系统、润滑系统、冷却系统、排屑装置、安全防护装置、数控系统等部件组成。

TGK 系列高精度数控卧式坐标镗床采用高刚度整体式床身方便安装具有三点支撑的优越稳定性。采用了"箱中箱"式重型高刚性龙门封闭框架、直结式中央出水机械主轴、直驱式回转工作台、双驱直线进给系统等前沿技术，机床具有粗加工过程中的高刚度和高可靠性、精加工时的极高精度和高速运动时移动质量小而轻的高动态性能等突出优点，能实现高速及良好的运动特性和稳定的高精度加工质量，满足了机床高速、高精、高效、高可靠性的切削性能要求，是集现代机、电、光、液、气和信息控制技术为一体的高科技产品。

TGK 系列高精度数控卧式坐标镗床作为高精度和高动态响应的工作母机，适用于箱体类、盘类、板件及模具类等复杂零件的精密加工，可进行铣削斜面、框形平面、两维、三维曲面等加工，特别适用于尺寸、形状和位置精度要求高的孔系加工，完成镗、钻、锪、铰、攻丝等工序，还可作为精密刻线样板、高精度划线样板、孔距及长度测量样板等，广泛用于发动机缸体缸盖、变速箱体、阀体、模具等复杂零件的精密加工。

2.13.3 设计创新点

1）改进立柱结构改善加工精度

坐标镗床原构型采用滑板与主轴箱侧挂的方式，使得滑板、主轴箱、立柱三者所组成的结构，其整体重心在立柱偏向工件一侧，且其形心与重心位置距离较远。机床构型与立柱结构如图 2-61 所示。在机床的实际运行过程中，在切削力的作用下，由于整体重心在立柱偏向工件一侧，

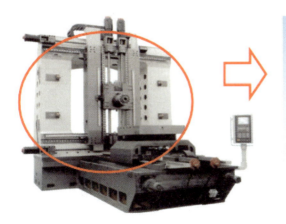

图 2-61　TGK 系列机床原立柱结构

且其形心与重心位置距离较远，会产生倾覆力矩，导致龙门立柱结构变形，出现勾头的现象，影响机床的加工精度。

TGK 系列高精度数控卧式坐标镗床提高了立柱整体刚度，改善了机床加工精度与运行稳定性，对机床原有布局构型进行改进，立柱与滑板、主轴箱布局构型改进后如图 2-62 所示。由于采用更加紧凑的箱中箱结构，使得主轴箱滑板的重心位置与龙门立柱重心位置更加靠近，立柱构型前端面内凹，可使立柱的重心与形心在 Y 与 Z 方向的位置偏距减少，滑板、主轴箱、立柱三者的整体重心位置也会向 Z 方向偏移。通过进一步的仿真分析与优化，调整滑板结构并内嵌主轴箱，可使得滑板主轴箱结构的重心位置更靠近立柱重心，减少倾覆力矩，增强结构的稳定性。由于主轴向 Z 方向偏移，机床在保持 Z 向行程不变的情况下，可以缩短床身在 Z 方向的长度，使机床更加紧凑。

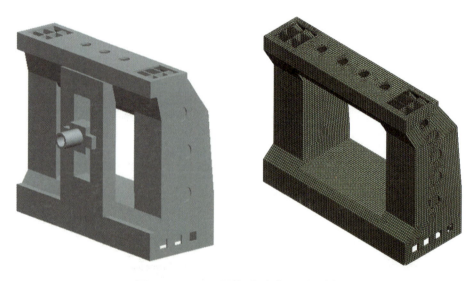

图 2-62　TGK 系列机床改进后立柱结构

2）数控机床支承大件减重优化

TGK 系列高精度数控卧式坐标镗床采用固定床身与固定立柱结构，床身和立柱作为基础支承大件，有较大的拓扑优化空间。支承件拓扑优化过程主要分为支承件约束载荷求解、结合面约束建模、物理模型构建、概念构型设计、结构方案设计、性能分析评价等过程，如图 2-63 所示。

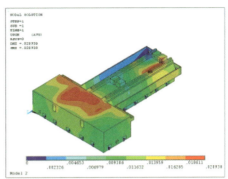

图 2-63　TGK 系列机床床身减重优化设计

TGK 系列高精度数控卧式坐标镗床，解决了制约整机和关键部件的精度提高等技术难题，规格和精度水平在国内独树一帜，并接近国外著名的坐标镗床，打破了国外在高精度坐标镗床领域的垄断地位。高精度坐标镗床的研发成功，对于提升我国高精度坐标镗床产品整体水平及装备制造业水平，解决国家重大需求有重大意义。

TGK 系列高精度数控卧式坐标镗床床身减重 8.2%，机床定位精度提高了 0.0015mm，主轴寿命增加了 14.2 万 h，设计效率提升 30%，提升了我国高精度数控卧式坐标镗床的自主设计制造水平，经济效益和社会效益显著。

中国第一重型机械股份公司
上海交通大学

2.14.1 案例背景

巨型重载锻造操作机是大锻件制造的基础装备，与巨型自由锻造压机配套使用。我国拥有自由锻造压机自主研发能力，但大型操作机依赖进口，耗资巨大、受制于人。为提升我国重机行业自主研发能力，中国第一重型机械股份公司与上海交通大学紧密合作，建立了大型锻造操作机创新设计理论与方法。研发出国内首台具有自主知识产权的 400 吨米锻造操作机，将大锻件锻造由行吊模式转变成机器人锻造模式，实现了三代核电、加氢反应器等大锻件高效优质锻造，达到国际先进水平（图 2-64）。

图 2-64　重载锻造操作机生产车间

研发团队将机器人技术、机构学、锻压、液压、控制与锻造操作机自主研发紧密结合起来，制定了理论研究与实验研究、方案设计与新产品研制、数值仿真研究交叉进行的技术思路，以锻造操作机机构创新设计、超大型复杂结构件制造工艺设计、锻造系统顺应控制策略为突破口，形成锻造操作机自主研发核心技术（图2-65）。

图2-65　重载锻造操作机数字样机

❶ 机构构型创新设计

提出了考虑输入与输出关联的分组可约操作机机构构型设计方法，把操作机输入与输出关联关系分解为一元、二元和三元矩阵形式，分组可约设计操作机构型。设计构造出13种操作机新机构，获得5项发明专利授权。提出钳口－夹钳机构－工作机构的操作机设计流程，建立了操作机机构与结构设计的数学、力学和三维实体模型，形成了操作机性能数字化设计方法。研制出15吨米缩比实验样机，开展了操作机的参数标定、外载感知、顺应缓冲、力位控制等实验。采用自主发明的操作机新构型和新结构，研制出我国首台400吨米锻造操作机，2011年成功应用（图2-66）。

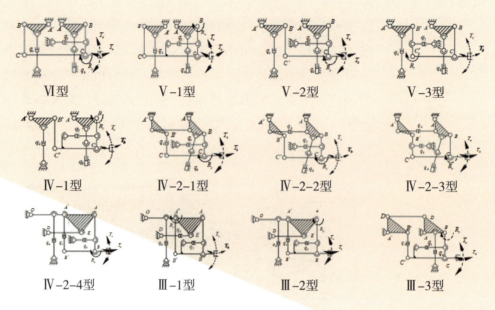

VI型　　V-1型　　V-2型　　V-3型

IV-1型　　IV-2-1型　　IV-2-2型　　IV-2-3型

IV-2-4型　　III-1型　　III-2型　　III-3型

图 2-66　操作机机构创新构型

❷ 超大型复杂零部件制造与装配创新设计

摸索出外冷铁和疏松层配置优化的铸造工艺、宽平砧压实和特殊芯棒拔长的锻造工艺、优化焊接路径与辅助支撑的焊接工艺，突破了操作机超大型复杂零部件的制造工艺。设计了操作机整机装配工艺，开发出操作机虚拟装配和全过程模拟系统，保证了操作机整机装配工艺和过程的正确性和效率。由此形成了重载锻造操作机超大复杂结构件核心制造工艺和操作机虚拟装配技术，成功制造出 400 吨米锻造操作机（图 2-67）。

钳口　　夹钳臂　　夹钳座　　钳杆座

钳杆缸体　　钳杆空心轴　　提升缸缸体　　箱式车架

图 2-67　操作机超大型零部件制造与装配

3 系统驱动与控制创新设计

建立了操作机惯性参数、外载与机构整机动态稳定性关系模型，利用分布式驱动缸力信息辨识出锻件质心、重量、与砧台压机的接触力，实现操作机作业的动态稳定性控制。建立了压机－锻件－操作机复合刚度模型，提出了基于复合刚度模型的锻造过程模拟算法，设计开发了缓冲液压系统，提出锻件抓－持－握－放分段模式切换控制策略，进行了大锻件抓取、锻件保持送进、握住锻件旋转、锻件变形延伸时操作机自主缓冲顺应、锻造完成后取出并放下锻件等实验，实现了抓、取、握、放的大锻件全过程锻造生产顺应控制。形成了操作机液压驱动系统设计和控制系统集成设计关键技术，为操作机重载驱动和精锻作业提供了核心支持（图 2-68 ）。

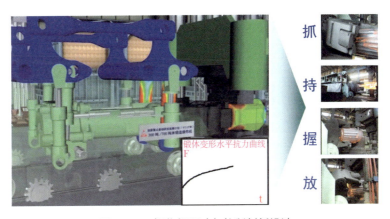

图 2-68　操作机驱动与控制创新设计

2.13.4 设计先进性指标

国内首台 400 吨米锻造操作机成功应用于中国一重集团的铸锻钢基地，投入大锻件生产以来已锻造出三代核电、加氢反应器等 11 类 30 余种锻件产品。锻造效率提高 70% ~ 100%，冷加工工时减少 30%，人员减少 50%。年节约钢水 2.1 万 t，年节约煤气 4650 万 m^3，使我国极端制造能力进入国际先进行列。2014 年成为首个北美以外获美国机械工程师学会（ASME）达·芬奇设计与发明奖的产品。

2.15 空间弱碰撞对接模拟机器人

上海交通大学

在地面重力环境中半实物模拟太空两个物体碰撞对接过程是空间对接、补给、运输、维护等航天技术的基础科学问题之一，是我国探月工程和太空技术亟待解决的挑战。上海交通大学研制的空间弱碰撞对接模拟机器人（图2-69）填补了我国航天领域没有空间弱碰撞对接模拟技术和装备的空白，实现了探月三期空间对接机构的产品性能地面试验，使我国空间技术地面模拟进入世界先进行列。

图 2-69　空间弱碰撞对接模拟机器人系统

图 2-70 表示空间弱碰撞对接模拟机器人系统构成。空间弱碰撞对接系统是由两个空间飞行物体和两个对接机构组成，而地面模拟机器人系统是由与太空相同的两个对接机构、运动模拟机器人、6 维力 / 力矩传感器、空间飞行物体的数字模型组成。空间弱碰撞对接地面模拟的主要挑战

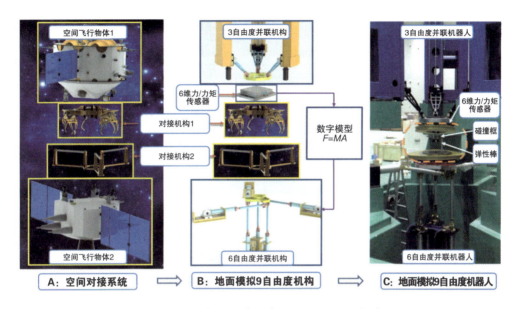

图 2-70　空间弱碰撞对接模拟机器人系统构成

是实现地面模拟机器人系统与空间对接系统两个异构系统相似或相同的动力学特性，地面模拟机器人需满足高频响、高精度、高速度和低速不爬行等技术要求。

2.15.3
设计创新点

1 机器人和双电机差动驱动机构设计

研发团队发明了新型 3-3 正交并联机构 9 自由度机器人，包括 6 自由度并联机器人下平台、3 自由度并联机器人上平台。如图 2-71 所示，新型 3-3 正交并联机构，保证了模拟机器人低惯量、高刚度、高精度的性能。设计开发的空间弱碰撞对接模拟机器人（图 2-72）。发明了双电机差动驱动机构（图 2-73），结合实时控制系统，模拟机器人能够实现高频响应、高速度和加速度、低速不爬行等性能。

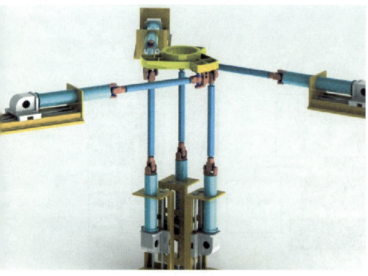

图 2-71　新型 3-3 正交并联机构　　　图 2-72　空间弱碰撞对接模拟机器人

图 2-73　双电机差动驱动机构

❷ 补偿模型设计

由于模拟系统响应特性、模拟系统结构特性、力测量系统特性的耦合影响，空间弱碰撞对接模拟会出现运动失真，主要体现在其幅值、频率和阻尼比失真。

研发团队揭示了空间弱碰撞对接模拟系统的失真机理：当模拟系统空间

飞行物体动力学仿真计算输入的力及力矩相位滞后于空间飞行物体运动轨迹时，反弹力做的功大于撞入阻力做的功为发散失真；反之，当相位超前时，反弹力做的功小于撞入阻力做的功为收敛失真。失真补偿的主要思想是，使模拟系统仿真计算的力与太空真实碰撞力无误差，而避免仿真计算的力误差产生累积效应，引起模拟发散与收敛失真。

研发团队提出了模拟器失真的综合补偿方法（图2-74），建立了考虑滞后、刚度、质量、阻尼等因素的综合补偿模型。为验证失真补偿的性能，团队采用无源无阻尼的弹性棒碰撞装置（图2-75）。无阻尼弹性棒碰撞的理想曲线为等幅振荡，试验曲线与弹性棒理想曲线对比，可以验证模拟系统的性能。通过不同弹性棒刚度、飞行器质量、碰撞频率下的各种试验，验证了补偿的有效性，结果表明补偿后有效解决了模拟失真问题。

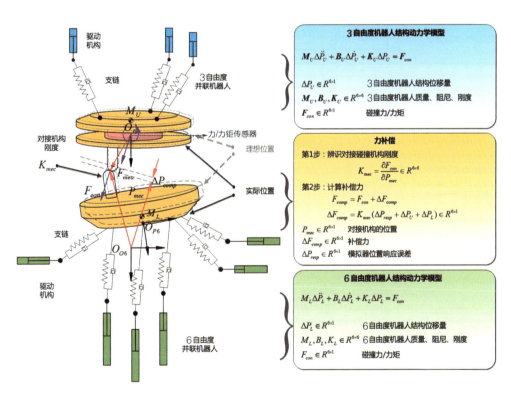

图2-74 模拟器失真的综合补偿方法

（a）弹性棒试验图像

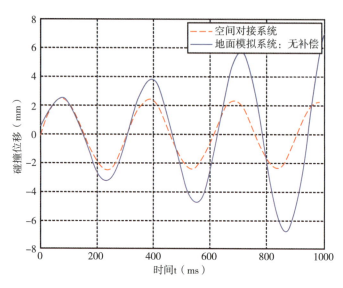

（b）补偿前

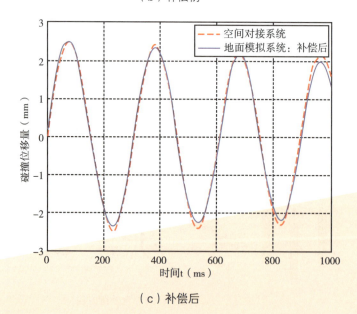

（c）补偿后

图2-75　弹性棒试验验证

3 模拟系统全回路控制模型设计

建立了模拟系统全回路控制模型。给定模拟器的初始状态和碰撞前的状态，由模拟机器人根据运动规划实现碰撞前的运动；模拟机器人驱动对接机构产生运动和碰撞，再由力传感器测量出碰撞的力和力矩；根据测量的模拟器真实运动和碰撞力及力矩，辨识对接机构的动力学特性参数；根据测量的模拟机器人的真实运动，辨识模拟机器人响应误差对应的补偿力和力矩；根据测量的碰撞力和力矩，计算模拟机器人结构位置误差，获得模拟机器人结构动力学补偿的力；根据测量的力和力矩，计算滞后补偿的力和力矩；根据力测量系统滞后补偿的力和力矩、模拟机器人响应误差补偿的力、模拟机器人结构动力学特性补偿的力、计算模拟机器人综合补偿后的力；由太空两物体动力学，计算下一时刻运动轨迹。

采用分布式和高速总线实时控制技术，实现了力采集、力补偿计算、动力学计算、运动控制等整个闭环回路 1ms 的实时控制和 15Hz 的高频响应。开发了系统建模与控制软件，包括模拟机器人控制系统、动力学仿真计算系统、实时监控系统、数据库系统、中央控制台系统、摄像系统等。实现了探月三期空间对接机构的产品性能地面试验，如图 2-76 所示。

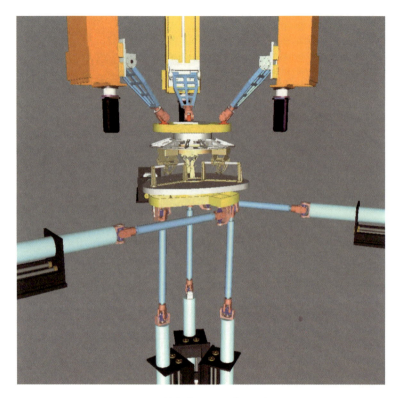

图 2-76　对接机构的产品性能地面试验

空间弱碰撞对接模拟机器人 6 维输出性能包括 0.1mm 精度、0.5m/s 速度、0.1mm/s 低速不爬行、500kg 负重、15Hz 频响等，填补了我国航天领域没有空间弱碰撞模拟技术和装备的空白，实现了探月三期空间对接机构的产品性能地面试验，使我国空间技术地面模拟进入世界先进行列。

2.16 汽轮机减振阻尼叶片

西安交通大学　上海发电设备成套设计研究院　东方汽轮机有限公司　上海汽轮机厂　哈尔滨汽轮机厂有限责任公司　杭州汽轮机股份有限公司

2.16.1 案例背景

汽轮机是发电、化工等行业和舰船动力的关键设备（图2-77）。叶片是汽轮机中热能转化为机械能的关键部件，也是汽轮机先进水平的重要标志。随着大功率超超临界汽轮机和核电汽轮机的广泛应用，为了提高汽轮机效率，需要采用更长的叶片，但是长叶片离心力巨大（1828mm叶片离心力达1100t），强度振动特性复杂，设计难度很大。减振阻尼技术的应用可以大幅度减小叶片振动应力，是提高叶片安全可靠性的重要手段，更是开发长叶片的核心关键技术。国内企业引进国外汽轮机技术时，发达国家制造企业对技术保密，不转让先进阻尼叶片的核心设计技术。因此，必须开发具有自主知识产权的减振阻尼叶片设计方法及关键技术体系（图2-78）。

图 2-77　大型汽轮机

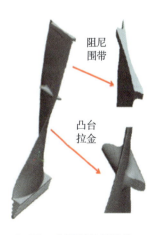

阻尼围带

凸台拉金

2-78　典型阻尼长叶片

汽轮机减振阻尼叶片设计充分发挥产、学、研密切合作的优势，通过自主创新，解决了减振阻尼叶片设计的 4 项关键技术，突破了发达国家制造企业的技术垄断，建立了完整的减振阻尼叶片设计方法及关键技术体系，研制出一系列阻尼叶片，推进了阻尼叶片的大规模工程应用。

1）分析模型及方法开发

研发团队发明了减振阻尼叶片非线性振动特性试验平台，为叶片的阻尼结构设计提供了关键参数；依据试验数据，构建了高精度的阻尼动力学模型，建立了整圈阻尼叶片、叶轮和轴耦合的三维分析模型，开发了阻尼叶片强度振动设计方法；计算值与测试值误差为 0.2% ~ 3.48%，计算精度高于国内外其他阻尼叶片计算结果（图 2-79）。

建立了汽轮机三维非定常气流激振力分析模型及方法，获得了更为精确的叶片气流激振力随工况和几何参数变化的规律；构建了整圈阻尼叶片、叶轮和轴耦合振动应力分析模型（图 2-80），获得了叶片振动应力分布及振动应力时域变化的翔实数据，为阻尼叶片的振动强度设计和改进提供了重要的技术依据；发明了减少气流激振力和振动应力的叶片结构，有利于提高叶片振动的安全性。

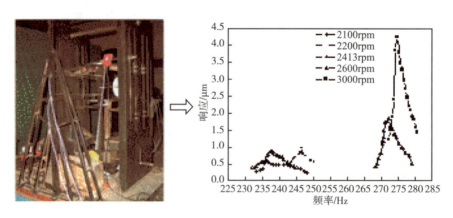

图 2-79　阻尼叶片振动特性测试

图2-80 叶片应力

2）高效的概率设计方法

构建了叶片热力性能、阻尼叶片强度及振动概率分析模型和设计方法，在设计阶段实现了汽轮机叶片出力设计、汽轮机热耗率设计以及阻尼叶片强度振动可靠度的定量计算和改进提高（图2-81）。

图2-81 动频测试

开发了满足阻尼叶片强度振动优化要求的自动结构参数造型及有限元模型生成系统，一次优化可在系统自动生成的上千个模型中优选；大幅降低了叶根与轮缘的应力（应力幅值下降6% ~ 26%），显著提高了叶片频率避开率，有效降低了振动应力；发明了多种新型松拉筋结构及新型围带阻尼结构等一系列先进实用、易于安装的减振阻尼结构，为减振阻尼叶片的安全运行提供了有力的技术保障（图2-82 ~ 图2-84）。

图 2-82　叶片与汽轮发电机组轴系耦合振动

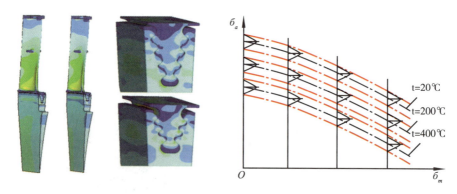

图 2-83　叶片材料疲劳极限概率分布

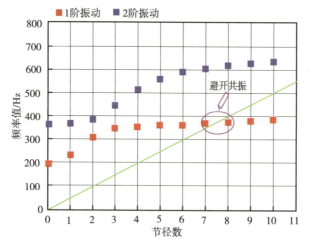

图 2-84　阻尼叶片强度振动优化

3）突破技术垄断，研制出一系列先进的阻尼叶片

建立了完整的减振阻尼叶片设计方法及关键技术体系，包括设计相关的模型、方法及试验手段，工程实用性强，综合技术创新突出，并且形成了系列核心专利技术及软件。

本设计关键技术的应用提高了叶片安全性，缩短了叶片研制开发周期，实现了减振阻尼叶片的自主化设计和制造，提升了我国汽轮机产品的竞争力。相关技术已应用于4家主要汽轮机制造企业和2家国防重点研究所共45种阻尼叶片的设计研发，其中已有14种叶片成功应用于大功率电站汽轮机240台，工业汽轮机48台。

2.16.4
设计先进性
指标

与国际先进的汽轮机制造企业相比，本案例关键设计技术对阻尼叶片动频的计算精度更高（误差为0.2% ~ 3.48%）、考虑了热力性能与强度振动参数离散性的影响、自主开发了阻尼叶片三维强度振动特性的结构优化设计方法，优化效果显著（叶根轮缘的应力下降了6% ~ 26%）。采用本案例技术研制的特大型长叶片包括全转速钢制1200mm、1400mm叶片和1000MW等级核电半转速汽轮机1710mm叶片、CAP1400汽轮机1828mm叶片（图2-85）以及目前世界上最长的1905mm叶片（图2-86）。

图2-85　1828mm叶片　　　图2-86　1905mm叶片

2.17 海尔天樽天铂空调

深圳创新设计研究院
海尔集团

随着生活水平不断提高，广大消费者对空调的舒适性、健康、智能和时尚外观的要求也不断提高。利用互联网手段充分和用户进行交流与互动后，可以发现消费者对空调的要求不仅仅局限于传统的制冷和制热。

空调制冷出风舒适度，空调对环境的影响，智能互联网的运用等成为了空调设计的新突破点。海尔集团联合深圳创新设计研究院等机构，通过对用户需求的调研，整理出目前传统空调存在的几大痛点。针对这些痛点，通过技术上的创新和资源整合等手段，设计出了全新空调产品。

海尔集团对用户需求进行深入挖掘，确定设计目标及产品研究突破点，以设计为先导，引领技术及工程研究，最终设计出能实际解决用户痛点的产品。同时，以设计统合技术与优雅简约的美学风格，打造技术与艺术相结合的优秀产品（图2-87）。

图2-87　设计流程

以天铂 SKFR-72(50)LW/02WAA22A 为代表的系列空调具有如下设计创新点（图 2-88）。

创新设计打造舒适温度

在天铂系列空调的设计过程中首创将环形出风口空气射流技术应用于直流变频空调上，解决空调制冷时普遍存在出风温度太低，冷风吹人太凉的问题，让出风更加柔和、自然，送入房间的是已经混合好的凉爽气流，配合光效体现科技与自然的融合。

图 2-88　海尔天铂空调

射流送风技术是利用了射流引射原理和科恩达效应两种空气动力学原理，实现了冷热空气在空调内部混合，同时，此混合出风技术，还有效地增加了空气出风量，使室内温度更均匀，舒适性更高（图 2-89）。

图 2-89　使用对比图

创新设计打造智能生活

在设计过程中，通过对 WiFi 无线网络技术、语音识别技术、云计算技术以及智能手机的客户端的应用，实现云适应、云记忆、语音命令模糊识别、睡眠曲线、能耗管理、故障自反馈等功能，实现省电、舒适、便捷的用户体验。

而且将最新 WiFi 物联技术和 $PM_{2.5}$ 浓度可视化的智能技术集成应用到新式空调上，使空调可以对室内环境的 $PM_{2.5}$ 进行自动检测和利用 IFD 技术对 $PM_{2.5}$ 进行高效去除。

用户出门在外只要使用智能终端即可方便实现对空调器的远程智能控制，并对室内空气质量进行智能检测和实时监控，从而达到高效智能净化空气的目的。

这种直接端对端的智能服务设计，打破了遥控器操控的距离局限，通过网络实现了远程运行、控制、监控服务等多种超前功能。

创新设计促进技术与艺术融合

　　空调器的出风口，设计成为类似"空气倍增器"的形态。气流经过蒸发器冷却后，进入出口的环形腔区域并有组织地向前导出，这股冷空气在附壁效应的作用下沿着喇叭口壁面向前流动，形成初级气流；在此过程中，从空调器后方被初级气流引射吸入的暖空气将与初级气流混合，最终形成一股大流量凉爽气流（图2-90）。

　　从外形上看，出风口类似一个喇叭形的风洞，这种设计造型不仅新颖、时尚，突破了传统空调的外观设计，同时也与技术需求完美结合，实现了冷热气流在空调内部掺混的功能，吹出了舒适的凉风，提高了人的舒适性。

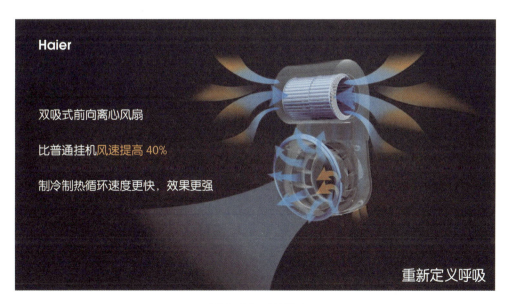

图2-90　原理图

天樽与天铂的诞生，使海尔集团成为第四代空调的领导者，给海尔集团带来了巨大的品牌效应及商业价值，使国内自主品牌产品又一次在国际上实现技术引领与行业领先。

天樽、天铂两款空调凭借独特的外观设计、人性化的智能体验和颠覆空调行业百年传统的送风方式，一举斩获2015年IF设计大奖。并且天樽智能空调荣获了2013—2014年中国高端家电空调类"红顶奖""最具创新力产品"奖，打破了传统空调不能"自主思考"的历史，实现了"智能空气管家"。

CHAPTER THREE │ 第三章
工艺技术创新设计

3.1 增材/等材/减材复合制造工艺

昆山华恒焊接股份有限公司

3.1.1 案例背景

转轮水斗是水轮机中的大型关键部件，其型面复杂，结构紧凑，开放性差。实现整体数控加工工艺复杂、难度较大。以往进行转轮水斗加工时，采用铸造或锻造方法制作实体，再用大型5轴加工中心加工水斗翼型，最后进行全表面铲磨的铸造/锻造−加工复合工艺。这种工艺常因铸件质量不稳定、导致铸造缺陷难以避免，或因自由锻成型后加工量裕极大，导致加工效率低、成本高（图3-1）。

昆山华恒悍接股份有限公司（简称华恒）提出一种全新的增材/等材/减材复合制造工艺，实现一种高质量、高效率的金属零件的直接制造工艺。

图 3-1　冲击式水轮机

华恒将基于机器人弧焊的增材制造工艺与等材、减材制造工艺相结合。由于机器人快速逐层增量堆焊形成的翼型加工余量较小，最大限度地减少了后续加工量，在大幅节省材料的同时提高加工效率、降低了生产成本。

增材/等材/减材复合制造工艺是集成数字化弧焊工艺、工业机器人、数字化建模、轨迹规划离线编程仿真等交叉学科的新技术，提出一种全新的增材/等材/减材的复合制造工艺。其水斗根部、部分水斗采用整块不锈钢全锻件等材制造，靠近根部1/3水斗或1/4水斗采用数控机床减材加工而成，水斗的前端2/3或3/4采用机器人自动堆焊增材制造而成，最后由数控加工及表面铲磨抛光实现最终成型（图3-2，图3-3）。

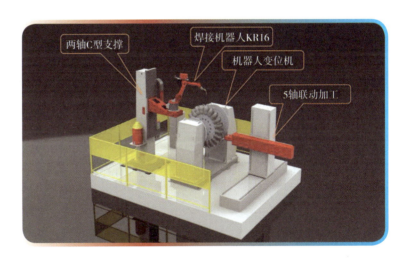

图3-2　增材/减材交替进行制造叶轮转斗示意图

通过工程试验，该技术在加工裕量、焊接缺陷、机械性能等方面能够满足产品的质量要求，形成一种高效率、低成本的制造工艺。

图 3-3　等材 / 增材 / 减材制造的转轮水斗

主要设计创新点

①　应用数字化焊接电源的控制技术，实现一脉冲一融滴的精准控制，通过控制高效率、低线能量的电弧束与材料相互作用时的快速熔化和凝固过程，获得致密堆焊组织，消除成分偏析的不利影响，保证焊接增材成型产品的材料力学和耐腐蚀性能全面提高。

2　　针对不同材料和不同工件的结构形式，通过焊接工艺试验优化焊接工艺参数，精确地控制各层增材堆焊曲面的形状和厚度，加工余量适中。

3　　基于水斗曲面复杂型面堆焊增材制造的要求，归纳出一套分层、轨迹规划的方法（包含各截面的堆焊轨迹、堆焊顺序、焊枪角度、焊接速度、焊接规范等），不仅保证了焊枪位置的可达性，同时还保证了焊枪的姿态相对于工件始终保持"船型"位置，满足焊接工艺要求。开发出基于 CAD 的机器人离线编程系统，将转轮水斗 3D 数模，分成多个截面导入到自主开发的快速成型软件中，自动生成机器人堆焊轨迹。

4　　建立机器人堆焊增材系统模型，输入机器人加工的指令使得机器人按照堆焊增材加工指令，进行堆焊增材模拟，完成对机器人程序的仿真校验。

5　　堆焊增材产品快速在线检测技术，按照激光扫描检测提供的数据，快速完成三维轮廓造型并自动完成和理论数据相比较，以确定与理论数据的误差是否符合被加工产品的公差要求。

3.1.4
设计先进性指标

　　增材／等材／减材复合制造工艺解决了传统的整体锻铸工艺制造复杂曲面产品的难题，具有高效率、低成本的优势，其核心技术还可广泛应用于各类大型、复杂金属零件产品的直接制造。

3.2 航空大型复杂构件的高效加工工艺

南京航空航天大学
中航工业成飞公司

新一代飞机广泛采用大型整体结构件，与传统结构件相比尺寸更大、结构更复杂、加工精度要求更高、研制周期要求更短，加工工艺的复杂度以及数控编程和加工的难度都指数级增加。如何缩短大型复杂构件的研制周期和保证首件加工一次合格是新一代飞机研制的首要挑战。

传统人机交互、以人为主的计算机辅助加工模式重复工作量大，效率低且极易出错；依赖个人工艺经验，工艺一致性差，三代机研制时数控加工一次合格率仅73%；原有工艺经验很多已不再适用，无法满足新一代飞机大型复杂构件的加工要求（图3-4）。要减少对个人工艺经验的依赖，主要面临单件（小批量）生产模式下工艺建模、工艺优化、高效编程和自适应加工四大难题。

二代机　　　　　三代机　　　　　新型战机

同类结构由50-80个结构件构成　　同类结构由2~3个结构件构成　　大型整体结构件

最小公差带：0.4~0.5mm　　最小公差带：0.25mm　　最小公差带：0.2mm

图3-4　航空飞机发展对加工精度提出的要求

传统以零件为载体的工艺积累和优化方法并不适用于单件（小批量）生产的飞机大型复杂构件的研制。南京航空航天大学、中航工业成飞公司设计团队提出了以基于大小、形状相似的加工特征为载体进行工艺积累、优化和重用的技术思路，针对飞机大型复杂构件数控编程与加工难题，突破了动态加工特征定义与建模、复杂零件动态加工特征加工工艺优化方法、动态加工特征驱动的高效数控编程方法和大型零件浮动装夹自适应加工方法与工艺装备等关键技术，形成了具有自主知识产权的关键技术、工艺装备和系列软件的技术体系（图3-5）。

1 动态加工特征建模方法设计

设计团队提出了动态加工特征的概念，给出了可定义为同一加工特征的充分必要条件，揭示了加工过程中加工余量、刀具和特征几何状态间的关联规律及其在特征中间状态间的传递规律，发明了动态加工特征建模方法和识别方法，从而实现了适应不同零件结构、不同企业工艺水平和不同应用习惯的加工特征定义与建模，突破了单件（小批量）生产模式下复杂工艺建模的难题。

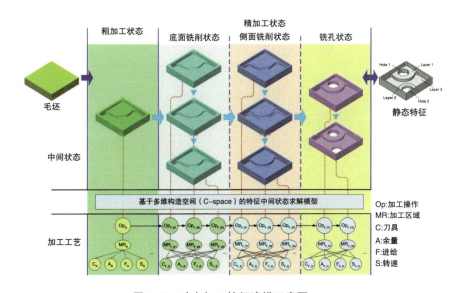

图3-5 动态加工特征建模示意图

2 复杂零件动态加工特征加工工艺优化方法

设计团队建立了特征中间状态几何、机床特性与特征切削参数之间的映射关系，以及覆盖 17 种典型航空材料的加工特征切削参数优化模型，发明了动态加工特征切削参数分段和变切深优化方法，实现了复杂结构零件的高效加工和复杂曲面零件的分区优化加工，大型复杂构件加工效率提高 25% 以上（图 3-6）。

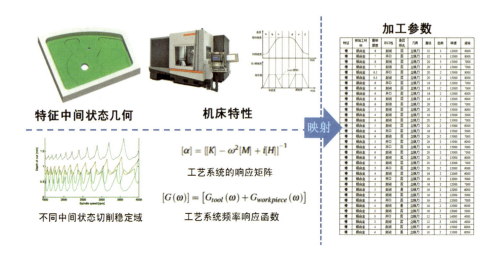

图 3-6　特征中间状态几何、机床特性与加工参数之间的映射关系

3 动态加工特征驱动的高效数控编程方法设计

该设计建立了特征中间状态几何与加工工艺之间的耦合机制，发明了动态加工特征驱动的大型复杂构件数控加工智能编程方法，突破了加工特征自动优化排序、驱动几何链自动创建与刀轨自动生成等关键技术，平均提高数控编程效率 3 倍以上。

4 大型零件浮动装夹自适应加工方法

该设计突破了传统固定装夹的思路，提出了一种浮动装夹自适应加工模式，研制了浮动装夹并实时监测零件变形的工艺装备（图 3-7），揭示了装夹点位移监测量、零件变形量、中间加工状态检测策略和加工策略之间的传递规律，发明了动态加工特征驱动的数控加工过程控制方法，实现了加工、监测、检测、装夹一体化自适应加工，到目前为止应用的 1591 项飞机整体结构件首件加工均一次合格。

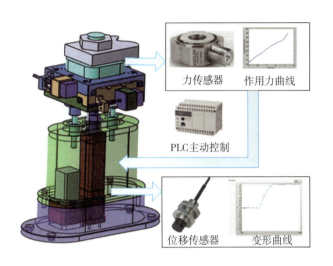

力传感器　作用力曲线

PLC主动控制

位移传感器　变形曲线

图 3-7　浮动装夹装置实时监测工件作用力及变形

3.2.4 设计先进性指标

本成果已成功应用于成飞公司、西飞公司、洪都公司、上海航天设备制造总厂、中捷机床公司等八家大型企业的 15 个飞机型号的 1591 项零件的研制生产，首件加工均一次合格，数控编程效率平均提高 3 倍以上，加工效率提高 25% 以上，显著提升了中国航空大型复杂结构件的制造水平，成为中国新一代飞机研制和生产中重要的技术和装备。还应用于波音 787 结构件生产，显著提高了中国航空制造业的国际竞争力。近三年部分应用单位可量化经济效益 4.275 亿元，潜在经济效益巨大，社会和经济效益显著。

3.3 无模铸造工艺

机械科学研究总院先进制造中心

3.3.1 案例背景

铸造是制造业的基础工艺，在多个工业领域的重、大、难装备中铸件都占较大的比重。传统有模铸造方法首先需要加工制备木模、金属模等，常伴随"高消耗、高污染、低质量、低效益"等问题。机械科学研究总院（简称机械总院）提出了数字化无模铸造技术，开发出国内首台数字化无模铸造成形设备，填补了技术空白，该设计改变了传统铸造时先开模具后制型的工艺流程，省去了模具设计及制造时间，铸件的开发速度得到了显著提升，铸件精度更高。

3.3.2 设计思路

结合中国装备制造及铸造行业急需，机械总院提出的数字化无模铸造技术，通过优化专用造型的砂型材料及其加工工艺，用数字化技术对砂型进行建模并规划加工路径，通过自主开发的系列数字化无模铸造装备，对铸造砂型直接加工成型，从而实现高质量铸件绿色化制造。

3.3.3 设计创新点

❶ 数字化切削加工砂型的无模成形制造方法

针对传统铸造需要翻砂造型、有模铸造、周期长、成本高、尺寸精度难以满足需求、复杂形面无法加工、资源能耗浪费及废弃物排放多、高质量铸件制造难等问题，发明了直接切削加工的数字化砂型无模成形方法（图3-8）。根据铸型三维 CAD 模型进行分模，结合加工参数进行砂型切削路径规划，驱动开发专用成形设备直接进行砂型高速高效切削加工，将加工的砂型坎合组装成铸型后，直接浇

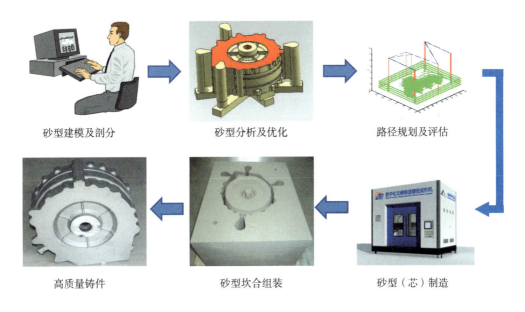

砂型建模及剖分　　　　　砂型分析及优化　　　　　路径规划及评估

高质量铸件　　　　　　　砂型坎合组装　　　　　　砂型（芯）制造

图 3-8　数字化切削加工砂型的无模成形制造方法

注出复杂的高质量铸件。这一设计改变了长期依靠木模或金属模等模具翻砂造型这一传统工艺，数字化驱动直接切削造型，不需要模具，解决了砂型切削、铸型设计及制造无缝连接等技术难题，实现从有模翻砂造型到无模直接造型方法的发展。

❷ 数字化切削加工砂型的无模成形制造工艺

　　针对铸型加工过程中，砂型可加工性差，普通刀具存在耐磨性差、抗冲击性差、易崩刃，无法满足铸型深腔加工要求等难题，设计团队发明了具有良好加工性能的树脂砂、水玻璃砂等型砂配方，可实现固化速度快，硬化后强度高、透气性好，确保尺寸精度及表面质量；研制出大长径比、高速长寿命、高耐磨系列专用砂型加工刀具，解决了复杂砂型高效加工及刀具磨损、破损失效等技术难题，刀具寿命超过 1000 h。针对加工废砂易在型内堆积，严重影响加工质量和刀具寿命以及铸型干式切削不能用冷却液冷却刀具的难题，发明了随动式气动辅助排砂与刀具冷却一体化及切削工艺装置，解决了废砂易在型内堆积、深孔、窄槽切削排砂等技术难题。

❸ 自适应铸型及自适应加工算法

针对壁厚不均匀、结构复杂、大型、高质量金属件制造难题，设计团队提出了一种自适应铸型及自适应加工算法，并且建立了砂型加工直线、圆弧两级短线优化、三次样条差值耦合的加工算法，直接驱动设备高效高精切削。复合不同种类、不同冷却系数的砂型、砂芯，自定位锁紧组装出复合材料铸型，主动适应金属件凝固过程，减少缩孔、疏松、裂纹等铸造缺陷，有效提高铸件质量，提升了铸型设计的灵活性和可操作性，使传统上不易达到的造型方案成为可能，实现大型、复杂、壁厚不均匀金属件的高质量快速制造。

❹ 设计并研制出砂型高速高精制造的数字化无模铸造精密成形装备

针对铸造行业翻砂造型劳动强度大、翻模次数多、废弃物排放大、数字化水平低、无专用砂型切屑加工设备及控制系统等问题，设计团队开发了砂型数控加工控制系统及其软件和 CAMTC-SMM 系列数字化无模铸造精密成形机（图 3-9）。可用于树脂砂、覆膜砂、水玻璃砂、石膏、石墨、陶瓷等多种砂型加工制造，苛刻条件下运行高稳定性和可靠性，一次可加工最大砂型 5000 mm×3000 mm×1000 mm，解决了快速精确响应、高效高精加工等技术难题。

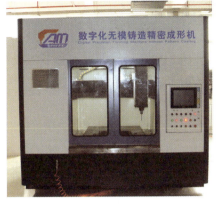
（a）CAMTC-SMM1000

（b）CAMTC-SMM1500S

（c）CAMTC-SMM2000

（d）CAMTC-SMM5000

图 3-9　数字化无模铸造精密成形机

3.3.4 设计先进性指标

与传统铸造技术相比，数字化无模铸造采用型芯直接数字化加工，减少了设计约束和机器加工量，铸件尺寸精度更容易控制；数字化设计、模拟仿真与加工制造一体化；多种类、激冷效果各异的型砂可构造自适应复合砂型。对十大中型铸件，加工费用仅为有模方法的 1/10 左右，开发时间缩短 50%~80%，制造成本降低 30%~50%，技术水平达到国际领先。该创新拓展了精密成形制造方法，为砂型（芯）个性化设计制造提供了成套技术及装备。

数字化无模铸造精密成形技术与装备在航天三院、中国一汽、中国一拖、广西玉柴等100多家单位获得推广应用（图3-10），在北京、山东等地建立10个应用示范基地，生产、销售设备50余台，并出口西班牙TECNALIA研究院，引领国际数字化铸造技术发展。应用到汽车缸体缸盖、航空发动机等1000余种复杂零部件制造，产生经济效益10亿余元。

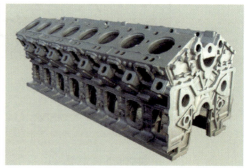

图3-10　玉柴CK100（V型16缸机）柴油机机体砂型及铸件
（砂型尺寸：3360mm×1410mm×1500mm，重约17t）

3.4 生物质颗粒燃料使用

北京菲美得机械有限公司

3.4.1 案例背景

随着能源危机的出现、对环境污染的限制、循环经济的需要，使得像秸秆、树枝等生物质可再生能源引起了世界各国的重视。生物质能源作为一种可再生能源，可以转化为液体燃料（如酒精、柴油）、气体燃料（沼气）和固体燃料等，有着良好的发展前景。就我国的现状而言，生物质燃料发展的瓶颈问题是生物质原料的收集、储存和运输，而生物质的致密技术则是解决该问题的关键技术之一。

北京菲美得机械有限公司（简称菲美得）设计的小型化颗粒成形设备，解决了生物质燃料应用中资源分散难以收集的瓶颈问题，使分散的生物质能源资源得到充分应用（图 3-11）。

图 3-11　生物质燃料

3.4.2 设计思路

通过对生物质成型技术在我国发展的现状调研分析，菲美得发现了我国对于现场致密成型的小型低成本、低能耗压块机这一需求，认为随着小型压块机的技术进步，必将会在解决生物质成型的瓶颈问题上有一个突破。并且，菲美得深入研究了生物质致密成型机理并获得了相应的参数，从而为新设备的设计和制造打下基础。

化石能源作为现代人类发展的支柱能源，在为人类的发展做出巨大贡献的同时，也在对人类的生存带来严重的威胁。如"温室效应""酸雨现象""粉尘污染"等问题一直在困扰着人类，同时也在一定程度上阻碍了社会的发展。但化石能源的储量毕竟是有限的，考虑到环境保护和人类社会未来发展的需要，寻求开发新的能源资源，实现社会的可持续发展便受到世界各国的日益重视。生物质能源作为一种可再生的清洁能源，有着良好的发展前景（图3-12）。然而，目前人类对生物质能源的开发仍然停留在比较低的水平，其利用方式主要是原始的直接燃烧。这种利用方式主要存在能量转换效率极低（一般只有 15 % 左右），燃烧不完全产生的大量烟尘污染了环境，不能满足人类对高品位能源的需求等问题。所以生物质高效率转换技术的研究便成为人们开发生物质能源的重点。

农作物秸秆是地球上第一大可再生资源，我国拥有量居世界首位。在全国每年产生的大约 6 亿多吨农作物秸秆中，通过机械化还田和堆沤腐熟还田利用的仅占 2 亿 t 左右，采用青贮、氨化等过腹还田方式利用的占 2 亿 t 左右，另外还有少量农作物秸秆用于气化和加工等，秸秆总量的 2/3 已基本实现了综合利用，还有约 1/3、即 2 亿 t 左右剩余秸秆尚未得到综合利用，一些农民采取了最简单的处理

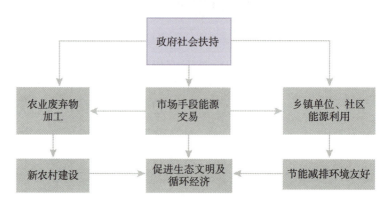

图 3-12　生物质能源应用的运作模式

方式——焚烧，造成了大气污染、土壤矿化、火灾事故等大量的社会经济和生态问题，引起了全社会的广泛关注。生物质颗粒燃料的分散化使用的设计以崭新的运营模式，形成了从原料收集、压制到运输仓储、应用的完整产业链。

生物质压缩成型（或生物质固化成型），即利用机械方法将低能量密度的生物质经压缩变形成为具有高密度的产品（颗粒状、立方体状、砖块状），原料经挤压成型后，密度可达 1.1 ～ 1.4 t/cm³。与普通的薪柴燃料相比，它具有密度高、强度大、便于运输和装卸、形状和性质均一、燃烧性能好、热值高、适应性强、燃料操作控制方便等特点。可用于锅炉和煤气发生炉，也可做工业、家庭和农业园林暖房的取暖。世界各国普遍认为，它是一种极有竞争力的燃料。北京菲美得机械有限公司开发出适合我国量大面广的生物质原料分布情况下进行现场致密成型、低成本、低能耗的压机，并可在资源地直接压制颗粒燃料，大大减少了颗粒燃料的运输和仓储成本（图 3-13）。

图 3-13　生物质能源生产应用过程

3.4.4 设计先进性指标

　　该设计从 2009—2015 年已在 4 家工厂，使用将近 21000t 绿色煤炭取代了 20000t 黑色煤炭，解决了冬季取暖和职工用热水洗澡以及工业应用的问题。

3.5 石头纸的高效制造

台湾龙盟科技公司

　　传统木材造纸工艺因大量砍伐树木且工艺过程需大量使用水、酸、碱和漂白剂等，并且威胁生态环境，造成生态环境破坏，已引起全人类的高度关注。石头造纸技术自 20 世纪 80 年代发明以来，由于其生产技术不成熟难以大范围推广应用。台湾龙盟科技公司（简称龙盟）是全球少数拥有尖端石头造纸技术的企业，其研发的石头造纸工艺技术和装备使得石头粉添加比例由传统的 30% 提升至 80%，使石头造纸技术产业化成为可能（图 3-14）。

图 3-14　龙盟石头纸

　　台湾龙盟科技公司研发的混合、成型工艺装备，以其独创的相容混合、造粒加工设备，可将石头粉与无毒树脂混合时石头粉的比例由过去的 30% 提升至 80%，且能达到稳定状态。经过多年不断的技术改进，已形成成熟的成膜、涂布、双向拉伸成型工艺与设备，目前已开发出多种不同类型的石头纸应用在各个领域（图 3-15，图 3-16）。

图 3-15　造粒

图 3-16　涂布

3.5.3
设计创新点

与传统木浆造纸工艺相比，石头造纸不使用水，不添加酸、碱、漂白剂，不排放废水，生产成本比木浆造纸工艺低20%～30%。龙盟石头纸表面平滑、白度高、油墨吸收性好，具有良好的防水性和强度，现已广泛用于文化用纸、印刷用纸、包装用纸及一次性餐盒等领域。

龙盟打破了传统木浆造纸制程，只需使用石头粉与环保塑料。因此，石头纸不仅环保，还可回收再利用。2015年，龙盟以自主品牌"石尚精品"布局市场，并合作开发出首台"纸计算机"，获市场瞩目。

以新推出的欧式信封来说，由于是石头纸制品，具备一般传统木浆纸所没有的防水性，无论吸墨性、强度、折叠性等，质量更是超越传统木浆纸，不仅防撕也防湿，更能完美保存信封内重要文件。

随着纸浆价格的上涨，让不少下游纸制品厂纷纷转向石头纸制品。石头纸用途广泛，不仅可以取代部分木浆纸，也可以取代部分的塑料制品。不仅能提高产品附加价值，也能提高市场竞争力。面对国际纸浆价格不断上涨，欧盟PVC产品全面禁用以及全球暖化议题的升温，龙盟的石头纸技术设备可谓是最具优势的替代方案。

3.5.4
设计先进性指标

目前台湾龙盟科技公司的石头纸相关技术已获得逾40个国家的专利，石头纸是以80%石头粉、20%环保塑料PE相结合而成，与传统木浆纸比较，制造1t石头纸，可减少砍伐20棵树、节约2.8万L水、节约600万BTU能源。而且，石头纸若在阳光下曝晒，经过6个月就能自行分解，回归自然。

3.6 骨替代物设计

西安交通大学

3.6.1
案例背景

骨替代物是骨缺损修复的关键产品。我国每年骨缺损患者高达 300 万人，其中颅颌面骨缺损占 20% 左右。颅颌面骨形状复杂，个体差异大，现有手工塑性方法难以实现精确个体适配，严重影响术后生理、心理康复。西安交通大学的骨替代物设计项目研究了外形复杂、功能修复要求高的个性化颅颌面骨替代物数字化设计与快速成型制造技术，解决了替代物精确个体适配的难题。2001 年 10 月 18 日实施的世界首例 3D 打印个性化骨替代物病例，比国外整整早了 10 年，完成了许多过去难以修复的复杂病例，引领了增材制造（3D 打印）技术在口腔颌面外科的普及。

3.6.2
设计创新点

第一，基于最佳骨生长应变的柔性个性化骨内植物的设计。由于钛合金具有生物相容性好、比强度高、抗蚀性和韧性好、机械性能好等优点，一般选用钛合金作为骨内植物的材料。自然骨弹性模量为 10~30 GPa，钛合金可达 100~110 GPa，骨内植物刚度过高会产生应力屏蔽现象，使得载荷不能由植入物很好地传至相邻骨组织，造成填充的自体骨与原松质骨得不到足够力学刺激，出现骨组织被吸收的情况，引起植入物松动，进而造成骨修复重建失败；但刚度过低又会降低其承载能力，易发生断裂，不能满足力学强度要求。本设计提出了基于患者影像数据和最佳骨生长应变的个性化颅颌面骨替代物的原位设计方法，建立了一套柔性下颌骨内植物结构的优化设计理论和方法，并归纳了应力应变准则和生物学准则。设计的柔性下颌骨内植物能改善填充自体骨的力学环境，使之处于骨重建的最佳应力刺激范围，提高骨重建成功率。实现了骨生物力学和结构设计的个性化集成，解决了颅颌面骨修复重建的个体形态适配和应力屏蔽导致的骨萎缩难题，推动了先进设计方法在颅颌面外科的应用和个性化修复的发展（图3-17，图3-18）。

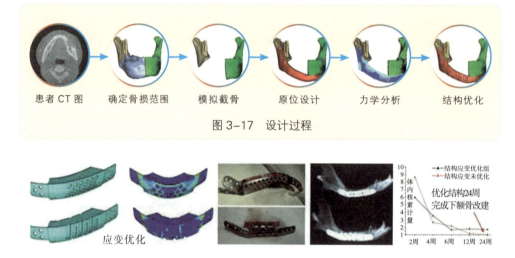

图 3-17　设计过程

患者 CT 图　确定骨损范围　模拟截骨　原位设计　力学分析　结构优化

应变优化

图 3-18　科学原理

　　第二，基于反求工程的个性化骨内植物的设计。以最典型的下颌骨为例，介绍基于 CT 影像资料，为患者量身设计适配其外形和生理特征的个性化骨内植物方法。在行大段下颌骨切除术前，首先获取患者二维 CT 图像，然后用图像处理技术和三维建模软件重建下颌骨三维实体模型，医生根据该模型确定截骨位置等手术方案。软件模拟截骨后，利用颌面两侧自然对称性，采取镜像后以布尔运算法得到修复体模型；同时根据下颌骨表面的自然形状，设计出与下颌骨相匹配的定位板进行定位，最后将定位板与修复体模型经过布尔合并运算，即得到个性化下颌骨修复重建内植物模型。制备的下颌骨内植物具有与原始骨骼良好的适配性，能很好地修复骨缺损形态，并重建其力学功能和生理功能。

第三，利用上述设计技术，设计开发了颅颌面骨缺损修复的个性化替代物系列产品和制造设备，实现了颅颌面骨缺损个性化修复的数字化、精确化和大规模临床应用，精度比传统手工塑形提高 10 倍以上，手术效率提高 80%（图 3-19，图 3-20）。

 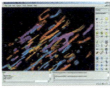 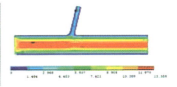

骨组织中 H 型和 Y 型分别约占 71% 和 29%　　　　结构转角为 75° 支管内流速最大，营养充足

图 3-19　发现骨组织的结构特性，建立仿生骨设计方法

（a）快速成形模板复形　　　（b）快速铸造　　　（c）金属直接铸造

图 3-20　3 种个性化骨替代物 3D 打印技术

3.6.3
设计先进性指标

研究成果临床案例达到 11050 例（图 3-21），取得了良好的社会效益和经济效益。研究成果获得 2014 年度国家技术发明奖二等奖。

修复前　　　病变组织　　　个性化设计　　　个性化替代物　　　修复后

修复前　　　设计数据　　　个性化替代物设计　个性化替代物　修复后

图 3-21　修复案例

（上：下颌大段骨个性化替代物修复——右下颌骨成釉细胞癌；下：上颌面肿瘤个性化替代物修复——陈旧性修复）

CHAPTER FOUR | 第四章
商业模式创新设计

4.1 服装行业个性化定制模式

青岛红领集团有限公司

4.1.1 案例背景

中国服装行业竞争日趋激烈，库存积压严重。2014年上半年33家服装行业上市公司整体营收增速为-2.6%，净利润增速为-3.6%。在中国，服装市场1年的库存保守估计会有4000亿元人民币的规模，但青岛红领集团有限公司（简称红领）却实现了0库存。

在西服制作领域，个性化定制是个难题。定制西服往往需要手工量体，手工打版，然后用廉价衣料手工制作毛坯，客人试穿后再次修改，如是反复之后，西服定制一般都需要3～6个月。

红领通过对业务流程和管理流程的全面改造，建立柔性和快速响应机制实现"产品多样化和定制化"的大规模定制生产模式，基本实现了0库存，由纯生产型向创意服务型转化，提高了产品附加值（图4-1）。

红领大规模个性化定制模式历经10余年终于完成调试，迎来高速发展期，定制业务年均销售收入、利润增长均超过150%，年营收超过10亿元。

图4-1 数字化生产线

红领模式以信息化与工业化深度融合为基础，建立起订单提交、设计打样、生产制造、物流交付一体化的酷特互联网平台，有效实现了消费者与制造商的直接交互，消除了中间环节导致的信息不对称和种种代理成本，初步探索出了传统制造业转型升级的新路径。依托这个平台，全球的客户都可以在网上参与设计、提交个性化正装定制的需求，数据立即传到制造工厂，形成数字模型，完成单件自动制版—自动化裁剪—规模化缝制与加工—网上成品检验与发货的技术流程（图4-2，图4-3），实现了规模化生产下的个性化定制。生产线上输出的是不同款式、型号、布料、颜色、标识的正装，颠覆了个性服装单件制作，以及型号服装大规模生产、分级组织市场营销的服装行业经营传统，创立了互联网工业新模式。

图4-2　自动裁床

图 4-3　数字化质检

❶ 运用大数据技术，实现了个性定制规模生产、满足大规模的差异化需求

全球不同民族、不同文化、不同形体的用户服装需求差异化明显，红领用 10 多年时间，研究和积累了海量的包含流行元素的板型数据、款式数据、工艺数据库，数据囊括了设计的流行元素，能满足超过 1 亿种设计组合。满足人类 99% 以上个性化西装设计需求。客户既可以在平台上进行 DIY 设计，又可以利用红领板型数据库进行自由搭配组合。只要登录平台，就可在平台上进行 DIY 设计，利用数据库进行自由搭配组合，迅速定制自己的个性化产品。

❷ 运用信息技术，实现跨境电子商务的无缝对接

红领积极探索跨境贸易电子商务零售模式创造及应用，搭建了多种语言电子商务交易平台，从产品定制、交易、支付、设计、制作工艺、生产流程、后处理到物流配送、售后服务全过程数据化驱动跟踪和网络化运作。实现了线上线下双向互动，为客户营造良好感受与体验，建立了成熟的具有完全自主知识产权的个性化服装定制全过程解决方案。与中国电子口岸数据中心青岛分中心服务器数据通信和同步，省去纸质报关等相关烦琐环节。

❸ 运用物联网技术，实现生产与管理集成

网络设计、下单，定制数据传输全部实行数字化。每一件定制产品都有其专属芯片，该芯片向生产流水线和供应链传达指令，流水线上各工序员根据芯片指令完成制作。每一个工位都有专用电脑读取制作标准，利用信息手段快速、准确传递个性化定制工艺，确保每件定制产品高质高效制作完成。每一道工序，每一个环节，都可在线实时监控。通过全程数据驱动，以流水线的生产模式制造个性化产品。

❹ 实现数字化工厂柔性生产模式

客户需求提交后，在后台形成数字模型，数据流贯穿设计、生产、营销、配送、管理的全过程。整个企业的全部业务流程，都以数据驱动，员工从平台上获取数据，在网络上工作。数据在流动中，无须人工转换、纸制传递，确保来自全球订单的数据零时差、零失误率准确传递。全过程做到了精准、高效、有序。自动完成个性化产品的设计与制造，把各种需求数据转变成个性化的产品。

4.1.4 设计先进性指标

红领通过互联网与工业融合创新，大幅度地提升了企业运营的经济效益，生产成本下降了30%，设计成本下降了40%，原材料库存减少了60%，生产周期缩短了40%，产品储备周期缩短了30%。2014年度，红领集团产值、利润均实现了高速增长。

4.2 制造服务模式创新

西安陕鼓动力股份有限公司

4.2.1 案例背景

由于从短缺经济的时代走来，传统制造业普遍存在着盲目投资、产能过剩的问题。企业的盈利往往只依靠其产品，而以出售有形产品为核心的传统制造不能实现价值的最大化，使得其长期处于价值链低端。在创新设计时代，传统制造业应从只重视技术和产品，转向利用设计思维发展自身商业与服务，通过设计产品与服务的整体解决方案来发掘产品全生命周期的价值。随着物联网技术及大数据的发展，商业服务创新设计是推动制造业实现由技术研发到制造服务的全产业链的创新变革，摆脱"微笑曲线"底端困境、实现价值链攀升的关键。

4.2.2 设计思路

西安陕鼓动力股份有限公司（简称陕鼓）是制造企业服务化转型演进的典型案例。陕鼓依托信息化进行商业服务创新设计，提出"两个转变"发展战略：从单一产品供应商向动力成套装备系统解决方案商和系统服务商转变；从产品经营向品牌经营、资本运作转变，打造世界一流绿色动力强企。在这一战略指导下，实现了从以"产品"为中心的生产型制造商向"产品制造与服务增值"一体化的服务型制造商的转变，其提供增值服务所创造的利润已远远大于制造过程产生的利润。

4.2.3 设计创新点

1. 物联网系统推动转型

陕鼓全生命周期健康管理服务以其物联网系统为基础（图4-4）。通过其设计的物联网系统建立强大服务后台支撑体系，有力推动服务转型战略。

视频系统
呼叫中心
移动通信
卫星定位

远程在线监测与诊断系统
自动化办公系统
网络自动化刷卡系统
电子救助系统

后台服务
远程支撑体系

图4-4　陕鼓物联网系统

远程在线监测与诊断系统是陕鼓物联网的主要部分。陕鼓与科研院所、高校及相关企业合作，创新设计出适用于鼓风机设备的远程监测系统，并以这套系统为核心，成立远程监测及故障诊断中心，对客户设备实施全过程、全方位、全天候的状态管理（图4-5）。

图4-5　陕鼓旋转机械远程在线监测及故障诊断中心总体结构

2. 服务体系创新设计

陕鼓的商业服务设计，实现了对大型旋转机组的远程监测、故障诊断预测，强化了装置配套系统的运营服务基础，构成了产品全生命周期的健康管理服务。根据客户所使用产品的具体状况，为其量身定制检修计划方案和更换备件的建议，提出科学合理的备件库存明细及方案，共同投资组建备件库，大大降低了客户资金、场地占用，提升产品质量（图 4-6，图 4-7）。

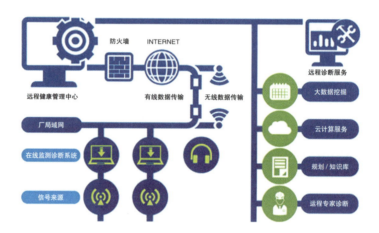

图 4-6　陕鼓工业化智能服务流程

图 4-7　陕鼓服务体系创新设计

3. 创新性的工程服务和设计规划

1）工程服务

陕鼓着力发展完善的工程成套项目总承包（EPC）服务——交钥匙工程——以主导产品为核心，以成套技术为纽带，运用现代项目管理方法，将主导产品与工程项目有机结合，发挥成套设计、供货、施工、安装调试的整体优势，为客户提供系统解决方案和系统服务。

近年来，陕鼓运用设计思维依靠更具有竞争力的成本和专业化的运营能力，进一步设计出园区综合能源服务方案（图4-8）。

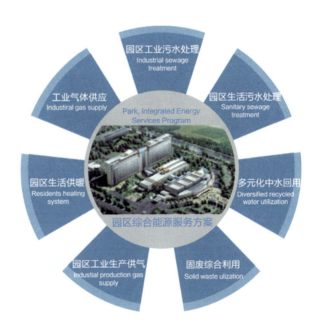

图 4-8　园区综合能源服务方案

2）园区规划

陕鼓通过园区规划，结合技术和商业模式创新，提供全生命周期一体化综合能源服务解决方案，提供一站式智能化服务（图4-9，图4-10）。

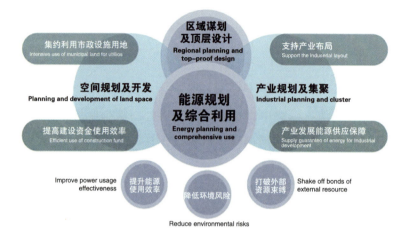

图 4-9　园区能源规划和综合利用

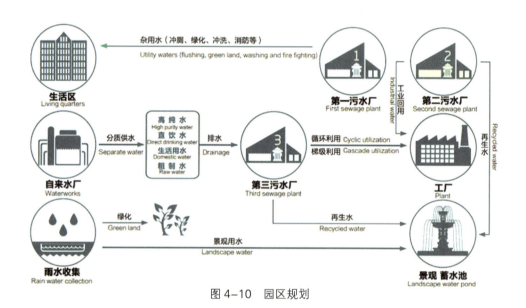

图 4-10　园区规划

4. 融资运营和组织战略创新设计

　　陕鼓创新设计出产融一体化服务，与金融机构联合向缺乏资金的客户提供多种金融服务方案。此外，陕鼓对组织战略进行了设计："有所不为"——放弃低端非核心业务，通过利用外部协作资源，加大对非核心能力环节的整合力度；"有所作为"——强化高端核心能力，加大能量转换设备及系统技术研发创新，开创了工业服务创新经营方式，组建了工业服务支持中心为客户提供设备全生命周期的健康管理，新增或强化投融资、工业服务、自动化、汽轮机、污水处理等业务。

4.2.4 设计先进性指标

2001—2012 年，陕鼓企业规模从 3.37 亿元迅速增长到 69.01 亿元左右；营业总收入由 3.12 亿元增长到 60.42 亿元。2005 年起，陕鼓总产值中的 60% 以上收入来自于"技术 + 管理 + 服务"的管理模式创新。目前陕鼓已为 120 余家企业 300 余台套机组提供了远程健康管理服务，打造动力装备的"云服务"平台。

陕鼓的发展历程展现了制造业企业服务化过程中两化融合与服务设计的共演过程。从制造业服务化过程来看，陕鼓根据市场和竞争者的变化，设计服务的目标和战略，并根据服务化理念及战略进行技术研发和组织结构调整，最终设计服务内容。从服务化过程与保障因素之间的作用机制及相互影响来看，陕鼓是在不断进行技术研发两化融合的过程中延伸服务的范围和内容，即技术研发与服务设计密切相关，并协同发展。制造作为陕鼓的核心业务，为服务提供了强大的平台基础和技术保障；服务则使制造增值，提升了制造的品牌效益。制造与服务相互渗透，最终实现一体化发展。

4.3 "人单合一双赢"的开放式商业模式创新

海尔集团

4.3.1 案例背景

互联网时代带来了深刻的变化，商业模式从"分工式"颠覆为"分布式"，制造模式从"大规模制造"被颠覆为"大规模定制"，消费模式从"产销分离"颠覆为"产销合一"。没有成功的企业，只有符合时代的企业。2005年，海尔集团董事局主席、首席执行官张瑞敏提出了"人单合一双赢"商业模式，发展至今已经10余年。海尔探索的"人单合一"实际上为企业开启了互联网转型之路，致力于创造全流程用户最佳体验。在"人单合一"模式及"世界就是我的研发部"的核心理念下，海尔建立了开放式创新平台，并以开放包容的姿态吸引全球一流的资源，让用户与资源零距离交互，不断产生颠覆性创新成果，带来最佳的用户体验（图4-11）。

图4-11　2015海尔创客实验室发布会

4.3.2
设计思路

4.3.3
设计创新点

在人单合一模式下的开放式创新。"世界就是我的研发部"——这是海尔开放式创新的核心理念，与世界其他研发中心最大的区别在于，海尔的目标不仅是整合世界一流的资源，更多的是让用户、创客参与产品创新。

海尔立足于互联网时代，企业必须转变为平台，以开放包容的姿态吸引全球一流的资源。2005年张瑞敏首席执行官提出"人单合一双赢"模式——"人"是员工，"单"是用户，"合一"是把员工和用户连到一起。10年前，海尔希望将企业和市场连接在一起；10年后，海尔致力于颠覆原有传统模式，建立"共创共赢"的生态圈。

为此，海尔提出"三化"：企业平台化、用户个性化和员工创客化。企业平台化颠覆了传统的企业科层制；用户个性化颠覆了产销分离制；员工创客化颠覆了雇佣制。

企业平台化

未来的海尔将全部由"小微公司"组成，海尔成为这些小微公司的股东之一。和普通股东不同，这些小微公司一定要在海尔平台上运行，海尔不会管制他们，而是要大家协同起来。海尔孵化和孕育着2000多家创客小微公司，现在77%的小微公司年销售额过亿，较有代表性的有免清洗洗衣机、雷神项目、互联网金融平台海融易等。

海尔希望打造共创共赢平台，大家在这个平台上都能获得利益与成长，在这个平台上的各方都可以盈利赚钱。传统企业以企业的利益最大化，现在互联网时代，一定是整体利益，靠利益把大家绑在一起。

用户个性化

用户个性化则聚焦到体验经济。原来是"销量经济"，把销量弄大就可以，但现在变成体验经济，对互联网企业的要求，不仅是高效率，还要高精度为了实现用户个性化，海尔在做的探索是互联工厂，可以跟用户交互，无缝化、透明化、可视化。

员工创客化

员工创客化是海尔内部的"动态合伙人制"：员工从原来的岗位执行人转变为创业者；从被雇佣者转变成动态合伙人；现在，海尔不再给员工发薪水了，这在海尔内部叫"断奶"，薪水从创造的用户价值中来，得不到你就离开。员工不再是雇佣制，而是变身为创客。

根据世界权威市场调查机构欧睿国际发布的数据显示，在全球大型家用电器领域，海尔连续六年蝉联全球第一。在企业层面上，海尔从一个传统组织转变成为大众创业的平台，在员工层面上，从被动执行者变为主动创业者。转型中的海尔，从一流家电产品的制造者变成一流创客的孵化平台。平台上不仅有海尔内部的员工，还有来自社会上的创业者。如今，在海尔平台上已孵化出 2000 多个创客小微。雷神游戏本、水盒子都是很好的例子，都出自创客小微之手；海尔转型的目标是将并联生态圈和用户圈的融合，海尔"智慧烤箱"形成了庞大的用户圈，用户每天在探讨各自上传的"菜谱""烤的方式""工艺"等内容，表面上看跟烤箱没关系，但其实是烤箱所提供的服务。根据用户圈的互动，烤箱不断地改进升级，用户圈也越来越大。

海尔开放创新体系

自 20 世纪 90 年代，海尔就展开了对开放创新模式的探索，成立了中央研究院，目的是加强与外部的创新合作。2009年，海尔成立开放创新中心，设置独立的团队拓展线下开放创新业务（图4-12）。2012年，海尔开放创新平台成立（Haier Open Partnership Ecosystem，简称HOPE），它通过互联网，将"解决方案需求者"以及"解决方案提供者"连接起来，为设计师、用户、极客、发烧友、供应商等利益相关方创建一个全新平台，在这个平台上，用户与用户交互、用户与资源交互、资源与资源交互，自主交互形成颠覆性创新成果。

海尔开放式创新与传统创新的区别：瀑布式到迭代式

① 产品决策：从领导决策到用户决策，带来体验最佳的产品；

② 创新主体：由原来的以企业员工为主，变为全球一流资源参与创新；

③ 创新结果：从大部分为延续性创新产品到颠覆式创新成果不断涌现；

④ 创新机制：研发人员从开发产品，到开发用户体验，薪酬是"用户付薪"机制。

图4-12　雷神游戏本创客团队

通过开放式创新，加速了海尔创新成果产出数量和质量，提升了创新能力。以科技进步奖为例，平均每不到两年就可获得一个进步奖，是整个轻工领域之最；在专利标准、国家级创新项目等方面均遥遥领先。现在海尔年均上市创新引领产品超过 600 个，创造的经济价值过百亿元；创新资源增值分享价值超过 10 亿元。通过开放创新模式探索，快速满足了全球用户的个性化需求，匹配周期从过去的 60 天缩短到 20 天（图 4-13）。

图 4-13　佛山洗衣机互联工厂创新实践

经过几年的发展，海尔开放创新平台不断积蓄力量，用户和资源数从以前的几千上升到百万级；以前仅依靠内部产出创意时，每年只能产生最多 600 个，而通过开放创新模式，平台每年产出创意超过 6000 个。将创意进一步孵化出的项目数量也显著增加。

4.4 公共自行车服务系统设计

杭州市公共自行车交通服务发展有限公司

4.4.1 案例背景

2008 年 5 月 1 日，为解决交通中"最后一公里"的难题，杭州在全国率先运行公共自行车租赁系统，将其纳入公共交通领域，并设计了完整的公共自行车软硬件系统，提供了便捷、高效的服务体验，成为全球最棒的公共自行车服务城市之一，有效解决了交通终端"最后一公里"的问题。杭州市公共自行车交通服务发展有限公司按照"市场化运作，公益性服务"的要求，以推进节能减排、打造绿色交通为核心，坚持科学发展，不断开拓创新，致力于打造方便市民和中外游客出行、缓解城市交通"两难"的绿色低碳交通体系（图 4-14，图 4-15）。

图 4-14　杭州西湖附近公共自行车

杭州市公共自行车交通服务发展有限公司站在新的历史起点上，坚持以"建设低碳城市，引领绿色出行"为目的，坚持"国内首创，国际先进"的高标准严要求，建设、经营好公共自行车交通服务系统，推动企业健康、协调、可持续发展。

图4-15　杭州公共自行车

1 技术创新

在国内率先运用射频识别、信息通信、自动控制、交易管理等融于一体的物联网技术，形成了性能稳定、操作简便的管理系统。公司始终结合实际，以科技创新为突破口，针对国内外公共自行车系统操作不够简便、智能化程度低、系统不完善等问题，成功开发了自行车锁止器、计算机后台管理系统、数据库管理系统、工控机管理系统、监检系统等，建立了公共自行车身份识别系统，形成国内首创、操作简便的公共自行车服务系统，并在技术开发中拥有7项独创专利技术。保持了技术上的先进性，系统上的完整性、安全性，运作上的稳定性，达到世界先进水平，实现了规模化发展，将"无人值守、操作方便、通租通还、科学配送"的设计理念转化为现实,并向国内外同行分享和推广所获得的科技成果(图4-16)。

图4-16 杭州公共自行车软件系统架构图

② 经营创新

杭州市公共自行车交通服务发展有限公司坚持公益性服务定位,实行基本免费租车,这就吸引了更多的人使用公共自行车出行,经营上形成了规模,较好地解决了公共事务均等化的问题,避免了市场化给市民和中外游客带来更多的负担,较好地实现了公共自行车建设中相关公共资源的集约利用。

收费方面实行1小时内免费,1~2小时收取1元租车服务费,2小时以上至3小时租车服务费为2元,超过3小时按每小时3元计费,在租借者中,绝大部分是拥有长期租借卡的杭州市民和长期在杭的外来务工者,租借时间基本在半小时以内,免费租用率超过96.71%。没有公交IC卡的市民或外地游客,也可在公共自行车租用服务点及杭州公交IC卡发售、充值点等,办理租用卡,持卡人可在任何一个服务点租还公共自行车。

③ 服务创新

杭州公共自行车服务系统通过一系列的服务创新,为使用者提供了良好的使用体验。换车租车时间充分创新推出了"分流还车""周期调运"和"应急调运"等举措，有效地缓解了"潮汐"现象引起的"还车难"；同时，还推出了配有亲子座椅的新自行车、双人自行车等多元化的自行车类型，满足不同类型旅客的需求（图 4-17）。

图 4-17　用户体验公共自行车

4.4.4 设计先进性指标

杭州市公共自行车交通服务系统于 2008 年 5 月 1 日试运营，同年 9 月 16 日正式运营，截至目前，已具有 3355 个服务点，84100 辆公共自行车的规模，日最高租用量达 44.86 万余人次，免费使用率超过 96%。由于其便捷、经济、安全、共享的特征，以及"自助操作、智能管理、通租通还、押金保证、超时收费、实时结算"的运作方式，使公共自行车已经成为杭州中外游客和市民出行必不可少的城市交通工具，杭州"五位一体"城市公共交通体系的重要组成部分。该系统通过了国家住建部市政公用科技示范项目验收并荣获国家华夏二等奖，被英国广播公司（BBC）旅游频道评为"全球 8 个提供最棒的公共自行车服务的城市之一"。

广州尚品宅配家居用品有限公司

4.5.1 案例背景

随着中国家具行业竞争的日益激烈，顾客对家具企业提供的产品和服务的要求也不断提高。顾客反映的主要问题有：家具之间以及家具与房子之间的匹配性难以保证，定制家具价格贵、周期长、质量控制难等。面对顾客的诸多不满，广州尚品宅配家居用品有限公司（简称尚品宅配）采用大规模家具定制服务模式，找到了满足这些顾客的新服务模式。尚品宅配为客户提供全屋家私定做服务，企业以基于顾客参与的设计服务为导向，应用数字化流程，实现了"客户需要什么，就设计什么、生产什么"的发展模式。

4.5.2 设计思路

尚品宅配以设计思维为主导，开拓了"网络成就你我家居梦想"服务模式，并为每个消费者提供独一无二的产品或解决方案。消费者只需要登录新居网，选出自己的房型、产品的摆放位置、产品的风格搭配，就可以找到自己满意的平面布局方案。之后，新居网会自动计算家具的件数、尺寸同时估算出价格。而这所有的过程消费者只需要使用鼠标即可完成。

4.5.3 设计创新点

（1）服务流程创新

在尚品的创新模式中，表现得最为清晰的是服务流程的革命性创新。不同于传统流程里消费者在有购买意向之后只能到实体店了解的模式，在尚品宅配的服务流程初期，消费者只需登录新居网就可以找出自己比较满意的产品方案。消费者通过线上体验了解了产品并形成初步的设计想法之后，他们可以进入线下体验过程，在这一过程中，尚品宅配为消费者提供多渠道的体验和量身定制的设计方案：在电话预约上门服务之后，设计师可以用手机接收等待上门量尺寸的客户名单，并与客户预约上门量尺的时间；而选择去门店体验的消费者可以在尚品宅配遍布全国的30多个城市的500多家门店中就近选择，无须预约，直接前往，在门店里消费者可以选择一位设计师为其进行一对一的服务；在设计方案完成并确认之后，所有的信息以订单的形式传输到尚品总部进行集中处理。

（2）基于信息化的制造系统创新

支持以上创新服务流程的，正是企业基于信息化的制造系统创新。在订单管理系统的架构和生产流程的设计上，尚品宅配的设计力与技术再次得到展现，云计算为这两项活动的高效完成提供了基本保障。其中最核心的是解决这一问题的知识与技术，这也正是尚品宅配核心竞争力之所在，即基于信息化的订单及生产管理。订单通过网络传输汇总到总部订单管理中心之后，开始按批次混合排产，通过排产生成"批次混合生产清单"（图4-18），进而自动生成本批次产品各车间作业指令，之后工厂即可按指令进行加工制造。通过有效的生产管理和订单管理系统，每个订单的产品在库房最多停放3天，在所有的板件生产完成之后会被及时运走。

这一方式的优势是显而易见的：首先，对于工人的要求低，使得工人通过简单的培训即可上岗；其次，同时实现了品质管理和流程管理，所有的生产数据可即时得到统计；最后为全自动化生产做准备，即可实现基于信息平台的全自动化生产流程，即"梦幻"工厂的建设。整个定制

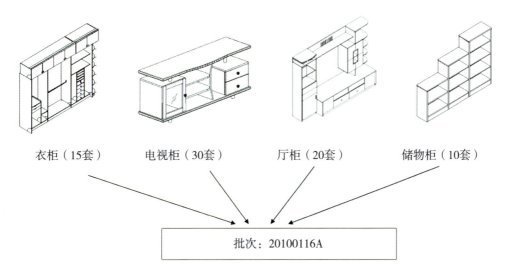

衣柜（15套）　　电视柜（30套）　　厅柜（20套）　　储物柜（10套）

批次：20100116A

图4-18　多产品按批次混合排产

化服务流程采用个性化设计、私人专业顾问式服务、大规模制造、柔性生产、零库存快速的流程。

（3）基于设计的信息化平台创新

在尚品宅配的创新模式里，设计不但作为主线，引领了技术、品牌、平台、渠道和体验的创新，还把这些创新点在横向与企业的管理框架、组织结构、流程管理、生产管理等各个职能层面做了有机的结合，也在纵向与企业的战略、组织、执行三个层次形成自然融合。我们可以从以下四个方面去了解其创新点：1）设计思维与创新信息技术相结合的企业主体活动创新：订单管理系统、大规模定制生产、网点一体化经营；2）企业内部的直接设计创新活动：设计与设计师；3）企业与客户界面的设计活动：设计师与客户协同创意；4）企业与外部合作企业的协同设计。

尚品宅配的核心竞争力是创新信息技术。正是这一高科技创新与设计思维结合才实现了在个性化定制服务与大规模生产之间的完美平衡（图4-19）。

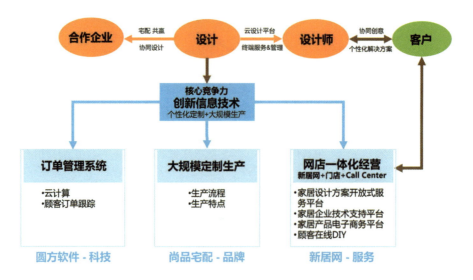

图 4-19　尚品宅配以设计为核心的创新点构成

　　纵观尚品宅配的企业经营发展历程就是一个以设计思维为主导的创新设计拓展应用的发展过程。企业把基于创新思维而搭建的信息平台在产业中进行实践，通过制造能力与管理能力的发展，最终成为一个创新设计的发展者。

　　自 2008 年以来，尚品宅配日产能力较之前增长了 6~8 倍，材料利用率从 70% 提升到 90%，出错率从 30% 下降到 10%，交货周期从 30 天缩短到 10 天左右，成品库存为零，年资金周转率 10 次以上，被誉为"传统产业转型升级的典范"。

4.6 产品生态圈创新

北京小米科技有限责任公司

随着中国手机品牌不断地革新技术和提升设计，中国智能手机快速发展，手机生产集中化趋势明显，在全球智能手机市场话语权逐渐增大并已形成较大的影响力。在中国市场，国产手机品牌已经具备较强的产品竞争力，出色的营销手段也逐渐获得中国消费者的认同，而品牌认同度也稳步上升。发达国家和地区，如欧洲、美国和日本等市场趋于饱和，发展中国家，如中国、印度市场上涌现出越来越多价格适中、功能更加丰富的高性价比智能机型，这使得全球智能手机的前沿阵地逐步向中国、印度市场转移。2013 年，全球智能手机销量接近 10 亿部，2014 年上半年，中国智能手机市场销量接近 2 亿部，其中上升最快的手机品牌是小米。从手机起家，到发展一系列智能硬件的生态圈，北京小米科技有限责任公司（简称小米）只用了短短 4 年的时间。现在，小米已经从手机行业发展成为以互联网为基础、结合软件体验的智能硬件公司，并处于高速成长期（图 4-20）。

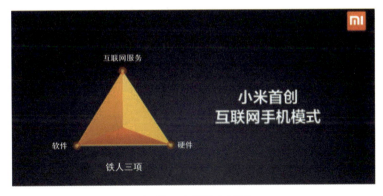

4-20 小米铁人三项

"被互联网化"是 21 世纪整个世界、所有人都必须面对的趋势，而这包含了两个层次的内容：一是内容的互联网化，即软件、信息、沟通等内容全部和互联网连接；二是硬件的互联网化，即围绕我们的现实世界的所有物品都将和互联网连接。正是认识到这样的发展趋势，小米从一开始就明确定义其发展战略为"以内容为中心，而非硬件，因为所有硬件都可以改造"。综合两个层次的内容与目标，生态链产品成为小米的主导发展思路（图 4-21）。

从产品到生态圈

小米的生态链产品发展经历了三个阶段：第一阶段以手机为核心产品，在企业发展初期，小米一直致力于做大众能够消费得起的高性价比智能手机。在手机这个初级阶段之后，小米选择了"电视+盒子"，通过设计把电视智能化，赋予互联网更多的意义。这不仅意味着小米多生产了一种产品，更代表视野和边界已经从移动互联网拓展到了家庭，市场也从手机扩展到了家电市场。第三阶段为"路由器+生态链"阶段，小米的产品不再是以某些独立新品的面貌出现，而是系列化的产品。如今同时具有三个阶段创新产品的小米，其业务已经形成"核心业务+生态链"

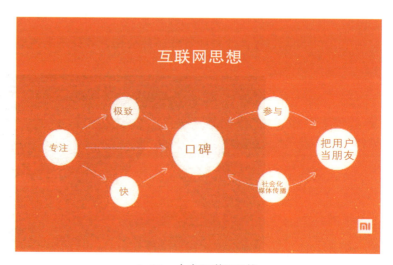

4-21　小米互联网思维

模式，形成互联网和智能布局的大生态系统。

　　为了高效率的创新、最大化的资源利用，小米生态链团队秉持"集中优势资源、提供功能整合性强的高性价比产品、关注本土用户的使用及易用需求"的设计主题，不断创新设计。秉承产品生态链和经营的生态系统概念，小米创新团队也在寻找和发展创造资源，建立生态系统的过程中快速建立起来。正是这样一个非传统的意识和实践模式，使企业在短短的时间里涉足广泛的产品类别，发展成功的核心产品，使小米逐渐成为市场公认的极具创新活力的企业。

硬件＋软件＋服务＝整合式生态圈

　　从小米手机开始，小米打造的服务链就是依托"硬件＋软件＋云服务"来实施的。而硬件、软件、服务、口碑共同建立的就是小米整合式生态圈。硬件作为功能的载体，是最为基本的部分。小米团队通过丰富的软件经验与互联网的结合重新定义了硬件发展思路。通过云服务将数据实时传输，整合硬件一体化系统，形成硬件、软件、云服务的整合式生态圈。这样的整合表现在 4 个方面：系统应用整合、云服务整合、家庭影音整合和智能家居整合。

　　在系统应用整合上，MIUI 整合了各种系统类的资源，如通过用户标记和合作伙伴号码数据库进行电话识别、将小米黄页服务内容可视化等，提供给用户便捷、安全的使用体验。在云服务整合上，小米将各类数据在系统中进行同步，同时还支持浏览网页、视频等跨设备数据的实时同步。在家庭影音整合上，小米电视和小米路由器整合形成了家庭影音娱乐系统，成为家庭娱乐的中心。而在智能家居的整合上，小米以路由器为智能家居的入口，连接家用电器，整合家庭信息服务资源，实现起床模式、外出模式、回家模式的有效分类。

小米提出并践行了互联网思维，设计并制造了小米手机、MIUI 操作系统、智能配件等产品，利用口碑营销、用户参与的创新、电商直营等互联网模式获得快速发展。

IDC 发布 2014 年三季度全球智能手机出货量排行，小米仅次于三星、苹果，位居全球第三；深度定制系统用户突破 1 亿。2014 年年底，小米宣布完成新一轮总额达 11 亿美元的融资，小米估值也达到 450 亿美元。继美国 Uber 创业公司后，中国的小米刷新了全球未上市科技创业企业估值新纪录。

4.7 移动互联时代的智能出行新模式

滴滴出行

4.7.1 案例背景

统计数据表明，目前，我国共有 110 万辆出租车，每天服务单数约 4000 万单，每年创造约 4000 亿的市场规模，但是每天依然有约 40% 的打车需求无法满足。

滴滴出行利用移动互联网，将打车需求从被动等待变成主动呼叫预约，改变了人们出行的体验；并且通过持续创新，将打车业务从单一的叫车服务发展成为生活 O2O 的超级入口。目前，滴滴已从单一的出租车打车软件，成长为涵盖出租车、专车、快车、顺风车、代驾及大巴等多项业务在内的一站式出行平台（图 4-22）。

图 4-22 滴滴一站式出行平台

滴滴的成功是知识网络时代对智能网络和共创分享运用的绝佳体现。随着智能手机用户的不断增加以及手机作为智能移动终端功能的不断强化，以智能手机作为助推的创新将会不断涌现。"滴滴出行"通过智能手机将一个个司机和乘客变为可实时运用计算的数据，再通过大数据技术实现线上线下需求与供应的连接匹配，从而改变了传统打车方式，建立培养出大移动互联网时代下引领的用户现代化出行方式。在共享经济的驱动下，滴滴的顺风车等新业务通过拼车、组合，甚至闲置车辆的再利用，达到了整个出行系统的绿色优化，并且通过安全标准、相应服务系统的建立必然会为整个社会创造更多的价值。

❶ O2O 助力供需改革

滴滴出行改变了出租司机的等客方式，它让司机师傅通过手机实现了"等客上门来"。司机通过滴滴出行 APP 能够实现端对端的实时信息交流，极大地缩小了乘客与司机之间的信息不对称，乘客招车更快捷，司机降低了空驶率，大大提高了出租车市场的效益，降低出租车的空驶率。比传统电话招车与路边招车来说，滴滴打车的诞生更是改变了传统打车市场格局，颠覆了路边拦车概念，利用移动互联网特点，将线上与线下相融合，从打车初始阶段到下车使用线上支付车费，画出一个乘客与司机紧密相连的 O2O 完美闭环，最大限度优化乘客打车体验，改变传统出租司机等客方式，让司机师傅根据乘客目的地按意愿"接单"，节约司机与乘客沟通成本，降低空驶率，最大化节省司乘双方资源与时间。

❷ 共创分享实现资源优化

滴滴顺风车等新模式的出现通过共享分享的创新设计思维实现了资源共享，缓解了交通问题，节约能源。顺风车取消了上下班时间段的局限，车主可以添加任意时间的任意路程，在主页也可以直接查看附近的乘客和顺路订单。打破了以往需要提前录入上下班路线的局限，人性化大大提高。

③ 基于体验的服务设计创新

滴滴不仅希望通过自身实现便捷的打车服务，还希望通过平台上的其他服务打造良好的出行体验，让每个人的出行用车更方便、坐车更舒适、服务更好。结合移动支付、在线地图等，为乘客和司机提供良好的用户体验。顺风车非常适合追求实惠和有较固定的出行需求的用户使用，快车业务的各个环节都以"快"为核心，非常适合有临时出行需求和赶时间的用户使用。同时滴滴在自身软件内的视觉效果都保持了清新统一，各项业务也都有很好的易用性和便捷性，对于各种不同出行需求的用户都能得到很好地满足。

基于出行数据的新应用。通过历史数据，可以预测出在一定范围内，哪个点的需求量比较高，哪个点跑远途的概率最多，客单价多少等。从更大的层面来讲，滴滴快的能够依据平台上车辆的迁徙轨迹、流向为政府的交通规划给出建议。

随着平台上乘客和订单的增长，司机的接单率和收入也会随之增长，同时降低了乘客的等待时间和单次出行成本，这会形成一个正循环，促使提高司机和运力以及多样化的服务供给，从而进一步缩短乘客等待时间和成本，提高乘客服务可靠性和提升体验。更重要的是，平台化的商业模式将会产生显著的协同效应，能够提供给乘客全套的出行解决方案、更短的出行等待时间和更低的成本，最终保证一个较高的乘客留存率；而对司机而言，平台提供了跨业务转换的选择，以及提供给他们高黏性的乘客和更高的收入。

滴滴通过可以连接多种出行服务的平台打通封闭的城市交通，集中各种选择从统一平台提供服务，方便用户快速便捷地选择不同交通方式到达其目的地。目前，产品已经覆盖了全国超过 360 个城市，涵盖出租车、专车、企业用车、顺风车、定制巴士、代驾等多类出行解决方案，拥有超过 2 亿的用户，日订单最高突破 1000 万，平均每天为超过 600 万人次的城市居民提供出行服务。在不到 3 年的时间里，滴滴快的相继获得了众多国际顶级投资机构数 10 亿美元的投资，目前市场估值达到 150 亿美元，是中国移动互联网领域成长最快的创业公司。

参考文献

［1］路甬祥. 设计的进化与面向未来的中国创新设计［J］. 全球化，2014（6）.

［2］中国工程院. 关于大力发展创新设计的建议的报告（中工发〔2015〕23号）［R］.

［3］路甬祥. 中国制造的未来［J］. MT机械工程导报，2013（10-12）.

［4］路甬祥. 设计的进化与面向未来的中国创新设计［J］. 全球化，2015年（4）.

［5］何华武. "追赶者"何以变成"领跑者"［N］. 人民日报海外版，2011-1-1（8）.

［6］张菁. 高铁时代：中国铁路实现引领历史的跨越［J］. 综合运输，2011（1）:79-83.

［7］何华武. 创新的中国高速铁路技术（上）［J］. 铁道建筑技术，2007（5）:1-15.

［8］林瑶生，粟京，刘华祥，等. "海洋石油981"深水钻井平台设计与创新［R］. 青岛：中国海洋石油总公司，2012.

［9］蔡萌. 跨越深海再远航——记2014年度国家科学技术进步奖特等奖项目"超深水半潜式钻井平台研发与应用"［J］. 中国科技奖励，2015（3）:32-37.

［10］金烨. "纯生产制造业"告危——陕鼓借物联网成功转型之谜［J］. 中国经济和信息化，2011（01）:72-73.

［11］诸雪峰，贺远琼，田志龙. 制造企业向服务商转型的服务延伸过程与核心能力构建——基于陕鼓的案例研究［J］. 管理学报，2011（03）:356-364.

［12］孙林岩，杨才君，高杰. 服务型制造转型——陕鼓的案例研究［J］. 管理案例研究与评论，2011（04）:257-264.

［13］溪流的海洋人生. 中国创造：汪滔和大疆无人机的未来［EB/OL］.［2015-03-24］. http://www.aiweibang.com/yuedu/18924010.html.

［14］范国宁. 首次深度剖析大疆：全球无人机霸王的兴起、秘密与瓶颈［EB/OL］.［2014-10-22］. http://www.21cbr.com/html/magzine/2014/156/cover/2014/1020/20823.html.

［15］杭州人汪滔：无人机世界里的乔布斯［EB/OL］.［2015-05-26］. http://szcb.zjol.com.cn/news/101800.html.

后　记

　　中国工程院重大咨询项目"创新设计发展战略研究"于 2013 年 6 月启动，由十一届全国人大常委会副委员长路甬祥院士、原中国工程院常务副院长潘云鹤院士任项目组长，15 位院士、100 多位专家参与。在项目实施过程中，路甬祥院士提出："一个创新的民族不是光靠几个或者上万个设计师支撑的，而是全民都要有创新创意的文化，全民都能关注创新设计的理念才能真正取得成功，我们有没有可能搞个'中国好设计'。"潘云鹤院士指出"项目组研究成果，除了向中央报告，还要向设计界、企业和社会传播创新设计新理念"。

　　在此背景下，成立了由路甬祥院士担任主任的中国创新设计产业战略联盟中国好设计委员会，同时"创新设计发展战略研究"项目分设了"中国好设计案例研究"分项目。随着项目研究的不断深入，好设计委员会决定以项目研究成果为基础，建立中国好设计的评选标准，开展"2015 中国好设计"评选活动，编写《创新设计 2015 案例研究》，宣传好设计理念。"2015 中国好设计"评选活动于当年 10 月 12 日举行，此次好设计评选专家委员会主任和副主任分别由潘云鹤院士和徐志磊院士、谭建荣院士担任，经过 21 位院士专家的两轮无记名投票评选，从入选的百余件案例中评选出 30 件好设计金奖和银奖案例。

　　《创新设计 2015 案例研究》集中从创新背景、设计特征以及成果效益三方面来剖析案例，其中遴选标准基于三个维度确立：一是要体现创造性、引领性和时效性，要体现创新设计的价值，特别是体现案例能够引领"三个转变"，即从中国制造到中国创造，从中国速度到中国质量，从中国产品到中国品牌。二是要体现创新设计的特征和趋势，即绿色低碳、网络智能和共创分享。三是要考虑到设计对象，不仅涉及产品、系统、工程，还包括制造工艺过程和工艺流程，以及商业模式和服务模式。

　　《创新设计 2015 案例研究》编写得到了路甬祥院士、潘云鹤院士和徐志磊院士的悉心指导，他们亲自参加并主持重要讨论会，多次提出指导意见。众多专家献计献策、鼎力支持。张彦敏、孙守迁、陈超志、梅熠对全书内容把关，付出了大量心血。书稿编写还得到中国机械工程学会、中国机械工程学会工业设计分会、中国机械工程学会机械设计分会、中国机械工程学会物流工程分会、中国机械工程学会塑性成形分会以及专家所在单位的大力支持。

我们深知编写完成《创新设计 2015 案例研究》仅仅只是开始，还要让好设计案例研究成果和评选得到产、学、研、媒、用、金各界的大力支持、企业的积极参与，以深入推广、广泛普及创新设计战略研究的最新成果，使之在广大人民群众中生根发芽。

今天呈现在读者面前的《创新设计 2015 案例研究》，从标准到范围，从内容到形式，尽管经过多次研讨和推敲，可能仍然难以将案例的全貌和项目研究成果汲取进来。案例研究工作将是一项持续的研究工作，我们将继续开展创新设计案例研究工作，不断改进，并为创新设计战略理论的丰富和发展做出新的贡献。

因我们的水平和能力所限，编写过程中可能出现遗漏或错误，欢迎广大读者批评指正！

作者

2015 年 12 月